電商經營 LEVEL UP

從商城賣場畢業吧！
打造千萬銷售的24堂品牌致勝課

SHOPLINE 電商教室——著

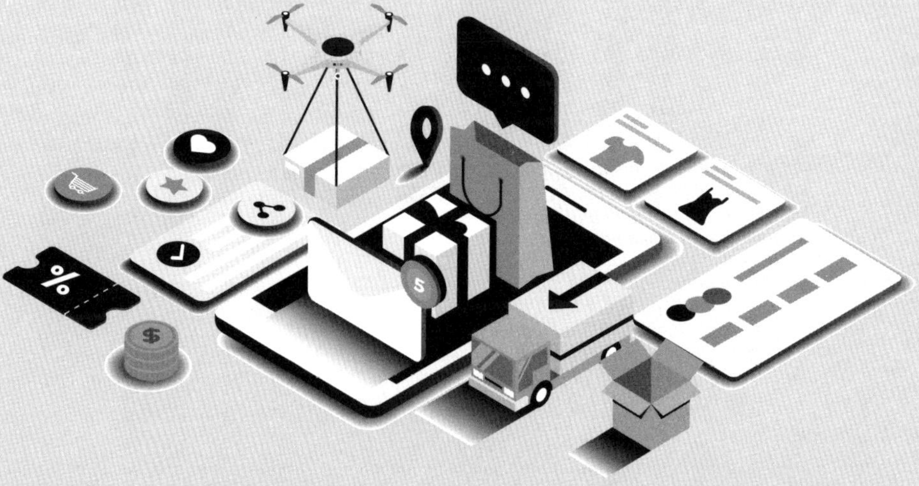

第1章 從商城賣場畢業 LEVEL-UP

第2章 踏上電商品牌之路 BRAND

第3章 為品牌官網導入流量 TRAFFIC

第4章 從流量轉換為銷售 SALES

第5章 讓電商品牌長久生存 SURVIVAL

第6章 進階電商經營技巧 UPGRADE

第7章 成功品牌案例分析 SUCCESS

店家與專家好評

「要怎麼做電商呀？」每次收到讀者的問題，我就開始想，這樣的疑問要怎麼回答。台灣電商白熱化，人人都可當中小型賣家，但在網路上銷售商品可不是批貨、賣貨這麼簡單而已。《電商經營LEVEL UP》這本書裡面詳細說明了電商之路的各種細節與眉角，相信對初學者以及想要更進階的電商經營者來說，無疑是一本充電寶典。如何為你的賣場增加流量、如何讓你的品牌更完整……就由各種成功的案例和滿滿的經驗來幫助你吧！

——電商人妻 孔翊緹，雲端系統ERP代理暨電商品牌負責人

自從創立《海邊走走》以來，從微型創業變成做生意，從做生意變成經營品牌，一路從實體走到電子商務，再從電子商務走到新零售。網路科技創新與商業變革每天都在發生，經營的核心就是如何即時掌握消費者。

過去三、四年，SHOPLINE與時俱進的技術與服務，讓《海邊走走》可以在電商這快速巨變的環境中取得優勢。開店平台往往擁有比品牌主更宏觀的數據洞察市場脈絡與趨勢，藉由他們的分析與視角，相信可以讓讀者在電商領域中找對方向。

——**游盛凱**，人氣伴手禮有餡蛋捲《海邊走走》創辦人

我們一直相信，品牌是讓這個世界變成你理想模樣最棒的媒介之一，而DTC（Direct to Customer）不只是現今世界的潮流，也是《綠藤生機》遵循的模式，尤其在這個快速變動的時代。如果你對DTC有興趣，這本書與SHOPLINE提供深入淺出的入門指引。

——**鄭涵睿 Harris**，台灣純淨保養品牌《綠藤生機》共同創辦人暨執行長

從事3C產業、網路行銷，每天睜開眼睛就有新的變化。清楚知道消費者、市場的需求，是我們最大的課題。透過使用SHOPLINE系統，《JC科技》能清楚掌握到各個活動的成效，以及實體門市、電商通路的各項數據。相信讀者能藉由《電商經營LEVEL UP》書中的資訊，掌握到更多的行銷秘訣。

——黃琮閔Jimmy，質感生活科技選物《JC科技》創辦人

《慢溫》在二〇一九年末加入SHOPLINE，在使用系統一年多以來，O2O的整合使我們的官網與實體門市能夠有更好的品質，這在品牌經營的路上非常重要，因為顧客的使用體驗將直接影響品牌的觀感。感謝SHOPLINE在我們經營過程中用心服務，在乎我們的品牌、重視我們的感受及需求，而這也是我們想傳遞給客戶的體驗。

SHOPLINE不只是一個單純的系統商，也是我們成長的靠山。一個好的系統，是品牌穩健運作的關鍵；一個卓越的系統，更是來自於整個幕後團隊。《電商經營LEVEL UP》一書正是集結了SHOPLINE團隊服務及資源的精華，閱讀此書彷彿他們與我們齊心協助品牌茁壯。

——莊婷歡，台南在地質感飾品《慢溫》創辦人

每次過年，家人都會問我電商生意做得怎麼樣？當我說出每日營業額時，好業績都讓老一輩的人難以置信。回想起以前經營餐廳，每逢下大雨、天冷、颱風等氣候影響就沒有業績，但自從做了電商品牌便克服這一切，這就是電商的威力。創品牌五年了，感謝SHOPLINE一路陪我們成長，如今他們將這些年來提供給店家的資源，彙整成《電商經營LEVEL UP》這本書，相信在你讀完後，也能像我們一樣，輕鬆走穩品牌之路！

——**林毅勳**，台灣第一果乾水品牌《淡果香》創辦人

推薦序

各階段電商都能從中找到提升業績的指引

狼大／《摑星數位行銷》執行長、台灣首位電商陪跑教練

近十年來，我在市場上分享許多經營電商的經驗，從電商入門、數位行銷、網站分析、行銷策展、到熟客經營……等，而實務上為了要協助我的客戶、學員們的公司業績成長，我認為最有效的方法，就是跳下來陪他們的團隊跑一段路。帶著團隊中的一個個夥伴從新手到上手，又從上手到好手，在「陪跑」的過程中，幾年下來我幫企業培養了數千名的電商人才。

也因為「陪跑」的關係，我跟SHOPLINE有許多合作，除了協助陪跑的電商客戶、如《女主角飾品》使用SHOPLINE的系統經營品牌官網，到SHOPLINE內部同仁進修我的課程，再到SHOPLINE提供我的電商經營課程給企業用戶。一路上，從推薦SHOPLINE到被SHOPLINE推薦，再到今天又為SHOPLINE的新書寫推薦序。

《電商經營LEVEL UP》是一本優質的電商工具書，內容與我對電商的想法相近、也相當認同，主要囊括三大面向：

- 為什麼要經營自己的品牌：其實單純是為了能讓商品賣更好的價格。
- 經營電商的基本功：初期創造流量提升業績轉換、到後期利用數據提升業績。
- 經營電商進階的思維：如何經營熟客、與線上線下全通路的佈局。

現在台灣的電商環境相當發達，市場也已經被教育得很完整，還沒有進行網路購物的消費者反而是少數。這樣的電商經營環境，早已沒有流量紅利，對於電商經營者而言，難度跟五年、十年前入行的朋友，面對的是不同量級的挑戰，想單純靠下廣告帶客經營電商，成效恐怕遠遠不如過往。

也因此我常跟學員說：現在經營電商，必須回到商業的本質來理解，從品牌的定位、商品的規劃、行銷的佈局，到設計的傳達，廣告宣傳只在末端。不僅如此，品牌經營如果只想倚靠新客的貢獻，獲利會很有限，真正想能夠長期經營，經營熟客是必須面對的議題。

這裡提供我身為陪跑教練，對這本優質的電商工具書的使用建議：

- 如果你是電商的入門新手，建議可以從第五單元開始閱讀。

- 如果你是原本就有在拍賣或社團經營網購的朋友，可以從第九單元了解如何將原有的流量導入新的官網。
- 如果你正苦惱於經營電商的數據脈絡，可以看看第十七單元。
- 如果你是經營電商一段時間的朋友，則可以看看第十八與二十三單元，了解如何經營會員，以及透過線上線下的通路整合，來提升品牌的生活覆蓋度。
- 當然，如果你希望能提升全方位的電商思維，你可以從頭看到尾，建立完整的電商經營思路。

最後，很開心SHOPLINE能夠將過去服務電商的經驗集結成這本書，相信對於有心想要經營電商的朋友，不管在哪一個階段都能從中找到提升業績的指引。如果你想在競爭激烈的電商環境中脫穎而出，這本書正是你不可或缺的優質電商工具書。

推薦序

你終究要經營品牌的，為什麼不現在就開始？

傑哥 陳思傑／《只要有人社群顧問》執行長、《社群丼》創辦人

行銷觀念演進千年，我們追逐品牌、追逐社群平台、線上銷售轉換、投入數位廣告……我們不斷飢渴地應用著各種新的工具、平台，拋棄過去的想法、擁抱新的行銷世界。

我相信在一些人的觀念中，「品牌思維」與「電商思維」是壁壘分明的——在一些老行銷人的眼中，「廣告」必須是一個又一個動人的故事，展現令人折服的創意，不見得能馬上看到銷售成效的轉換，但相信品牌能越來越佔據消費者的心。而在另一些行銷人眼中，「廣告」看的就是最直接的轉換，「品牌價值」看不見摸不著，只有最後的銷售數字、累積的名單、廣告成本的優化……這些才是最實際的。

然而，聰明的你心中肯定知道，「品牌」與「電商」壁壘分明的時代早就結束了。不會看數據、不熟悉數位廣告成效轉換的行銷人，往往投入大量成本、甚至創造了大量討論，卻無法直接連結到銷售數字。而從不累積品牌資產、沒有培養出品牌鐵粉的行銷人，看著持續

攀升的數位廣告成本、不斷失去的毛利，也只能抱頭嘆息。

在這個混亂的行銷戰國時代，我們想要的遠遠不只是「消費者購買我們的產品」。一次、兩次的購買，可以依靠促銷價格、產品組合、廣告素材當下的引誘……但我們期待更多，我們期待消費者會自己願意持續購買產品，甚至主動推薦給朋友、號召更多人支持、爭搶剛推出的新品。我們期待什麼？不就是品牌嗎——讓一群人相信著你的產品，並且因此採取行動，這就是品牌。

這也是為什麼我非常期待《電商經營 LEVEL UP》這樣的書出現。SHOPLINE 絕對不只是一個電商開店平台，以「品牌官網」作為起點，SHOPLINE 與無數商家一起成長，從最初的品牌命名定位、導入流量、流量轉換為銷售、長期的會員數據蒐集、社群的經營……SHOPLINE 與品牌電商們一起理解如何在一次一次的實際訂單中，讓自己的品牌被累積成型。

我自己也在 SHOPLINE 的邀請下，開過幾堂針對商家們的線上或線上直播講座，與他們的交流過程可以很明顯感受到：他們是來真的。他們是真的在乎商家們需要什麼、下一步會是什麼、如何逐漸從銷售健康的商家走向一個成熟的電商品牌。這份「在乎」，也能在本書的每一頁中被具體感受。你終究要經營品牌的，為什麼不現在就開始？既然要開始，何不就從這本書開始吧？

推薦序

讓品牌在目標受眾心中產生意義

江仕超／《Ustarhub 心品匯》品牌總監、《GBMH 品牌行銷匯》創辦人

品牌是一門玄學！做為台灣最大品牌行銷社群的發起人來說，六年多以來看到不少關於品牌與電商相關的討論。到底品牌在營運中扮演什麼角色？品牌一定就是營運的護城河？做生意與做品牌彼此之間有什麼關聯與衝突？總之，我們到底該如何理解「品牌」，而延展到電商營運呢？

如果要用一句話來說明品牌與電商的關係，我會這麼形容說：「品牌是一種對外的意義，而電商是一種營運模式。」也就是，如果沒辦法在目標受眾中存在一個「意義」，那品牌就只是一個熟悉的名字。而要打造成功的品牌的關鍵，就在如何在市場中創造出別具特色與差異化的意義。然而品牌意義的創造，就仰賴營運的積累與操作了。同時，無法在市場中成長的品牌，就是一個名字罷了。

所以，想要打造成功的品牌，同步也要能找到可成長的營運模式。超哥在這裡提供三個

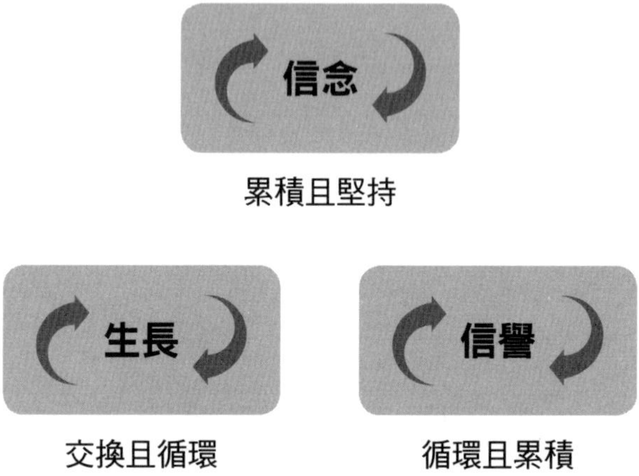

維度給各位讀者更理解品牌：

- **成長流**：是否找到一個能健康成長的營運模式？
- **信念流**：是否能透過價值提供，讓市場感知到一種堅持與信念？
- **信譽流**：是否從客戶、公信第三方等累積市場對你的信譽？

最後，《電商經營LEVEL UP》提供我們台灣許多優秀的品牌電商的成功心法，包括社群營運、數位廣告、私域流量經營、內容行銷……等，讓更多想精進事業的朋友有寶貴的第一手經驗。相信大家能在品牌與電商中找到事業成長的啟發。

序 打造「品牌」才能成就非凡

「我想在網路上賣東西，該怎麼做？」

「想經營電商生意，但該如何開始架網店？」

以上或許是每個想在網路創業的人都會問到的題目。創業看似浪漫，但經營起來卻有各種現實困境得一一跨越，尤其在電商領域更包含了許多「眉角」及諸多的挑戰。

歷經全亞洲超過二十五萬用戶的指教，全球智慧開店平台SHOPLINE除了致力提供全方位的開店解決方案之外，更長期分享新穎、實用的產業洞見。如今，累積多年的精華內容終於匯集成書，獻給每一個對開店懷抱憧憬的讀者。

本書歸納出打造成功「品牌」的六個關鍵步驟，並導入產業案例，解析成功品牌背後的秘訣及實戰經驗，一步步帶領你走上建構自有品牌之路，助你少走冤枉路，舉凡創業者、零售產業、電商從業人員、行銷人或是尋求網路創業建議者都適合閱讀。

六個關鍵步驟，搭配成功案例，包含了：

- LEVEL-UP：從商城賣場畢業，自主經營品牌的優勢與作法。
- BRAND：踏上電商品牌之路時，不可不知的設計原則。
- TRAFFIC：為品牌官網導入流量，穩定提昇知名度的技巧。
- SALES：從流量轉換為銷售，導購、促銷、舉辦活動的手法。
- SURVIVAL：讓電商品牌長久生存，不斷提昇業績的策略。
- UPGRADE：進階電商經營技巧，「多做一步」的電商操作新趨勢。
- SUCCESS：成功品牌案例分析，六家台灣知名品牌接地氣分析。

本書以電商產業趨勢為開端，帶你了解現今的電商市場脈動，循序漸進地引導你正確養成品牌經營思維，並逐步掌握從官網建置、流量引導、訂單獲取到進階經營技巧的箇中關鍵，並確保持續性的獲利。期盼在閱讀完本書後，即使身處在不同產業、階段，都能為你帶來啟發，可以找出最適合自己品牌的道路，「不失敗」地長久經營下去。

秉持著「客戶的成功，才是SHOPLINE的成功！」的企業使命，我們試圖透過文字的力量弭平跨入電商產業的門檻與資訊落差，建構資源正向交流的產業生態圈。期望能幫助懷有創業夢的你，有機會做自己的老闆，成功踏上自營品牌之路，讓銷售業績LEVEL UP！

第 1 章

從商城賣場畢業

日新月異的電商產業發展，使網路創業的門檻大幅降低，當你面對眾多的開店選擇時，哪種選擇才能順應未來趨勢呢？本章將以直面消費者的營銷模式切入，告訴你現今大環境下極具潛力的電商主流趨勢。

LEVEL-UP

01

為什麼電商平台賣家最終都會建立品牌官網？

用品牌官網抓住九〇%的消費者，提高品牌「信任感」及「親密度」

電商時代的來臨，讓任何人踏入電商已非難事。但在這競爭激烈的環境下，不論你是上架B2C電商通路，亦或是以C2C電商平台為主，勢必都期望擴大銷售版圖，帶來持續穩定的獲利。其中的關鍵，就是你必須擁有**「品牌」思維**。

「品牌」已成為電商顯學

在過去自營電商尚未崛起前，要在網路上賣東西，不外乎是去拍賣、購物中心等平台當賣家。只要商品種類多元、佈局通路廣闊，加上平台方願意花錢為賣家導入流量，創造高額業績是司空見慣之事。

但近年電商平台如雨後春筍般地出現，網路賣家也開始大量湧入電商產業，使平台聚集效應的紅利被眾多賣家瓜分，造成消費者分散至不同平台及賣場的情況，讓產業環境競爭越發激烈。當然，只要佈局更多通路、花費高額成本來提高曝光，就能抓住更多的消費者。但隨著所需的獲客成本相對提高，多數品牌預算不夠充裕的前提下，平台賣家想進一步拓展版圖，勢必得做出改變。

綜觀早期投入品牌電商經營的賣家，像是OB嚴選、東京著衣等，近期都從電商平台陸續轉移重心至品牌官網，如今早已站穩台灣市場，成為知名的電商品牌。而在這些強而有力的品牌案例加持下，也讓「品牌官網」成為近年的電商顯學，使品牌擁有與消費者互動及建立關係的管道。

品牌官網帶來的加值效應

為什麼早期的平台賣家，都陸續轉移到品牌官網？主要是因為它能夠建立品牌與消費者之間的「信任感」及「親密度」。

根據電商服務及品牌體驗公司BrandShop在二〇一五年的調查，[1]有八二％的消費者會直接向喜歡的品牌購物，更有八八％的消費者願意在品牌官網中下單，原因在於品牌官網的資訊透明，加上當他們遇到問題時，能夠直接與品牌聯繫，因此提高了他們對品牌的「信任感」。

另一方面，品牌官網能夠展現品牌風格，呈現其理念及訴求，建立明確的定位，這會讓消費者對於品牌產生聯想，藉此提高他們對品牌的「親密度」。而當親密度高時，會讓品牌商品有更多溢價的空間，消費者也會願意花更多錢來購買，產生額外的附加價值。

根據SHOPLINE的店家回饋，多數店家在打造品牌官網時，會優先以視覺設計版型作為選擇開店平台的依據之一，而SHOPLINE提供多元簡約的版型，沒有過多元素干擾消費者體驗，便成為了他們開店的首選。

想經營品牌，必須從商城賣場畢業

有許多賣家認為，既然最終目標都是獲得更多消費者及訂單，何必放棄經營已久及擁有大量人流的商城賣場？又何必再花費時間、金錢去建立品牌官網？

答案是，雖然這些商城賣場能為你帶來訂單，但想讓銷售規模擴大，卻有一道隱形的天花板，其中關鍵就是：在賣場平台中，消費者是向「平台」購買商品，而不是向「品牌」購買，導致賣家無法從賣場平台方得到訪客數據以及更詳細的消費者資訊，這對經營品牌來說會是一大痛處。

底下我們列舉了在商城賣場上經營品牌時，你可能會碰到的問題：

- 賣場形象風格趨於統一
- 購物流程有一定的限制規範
- 容易有比價、削價競爭情形
- 需要時常配合平台活動
- 無法取得訂單資料以外的顧客資訊及訪客數據
- 賣場常充斥著假貨

除了上述因素，我們也於後頁也整理了商城賣場及品牌電商官網的比較表，讓你知道為什麼要從商城賣場畢業，透過「品牌官網」來拓展電商事業。

而在經營「品牌」的考量上，商城賣場或許在上架門檻較低略具優勢，但其餘考量品牌官網都是更合適的選擇，不僅可以累積自己品牌的流量、會員、網站數據等，同時能夠透過高自由度的網站設計來詮釋品牌風格，並且可以避免賣場假貨充斥及競品削價競爭的威脅，使賣家們能有更大的空間來經營品牌。過去幾年，SHOPLINE便協助全亞洲超過二十五萬個商家以品牌官網作為主要銷售通路，成功打造出屬於自己的電商事業。

因此，對於曾在商城賣場上經營，渴望將營業額及品牌力帶往下一個里程碑邁進的賣家來說，打造一個品牌電商官網，並善用原有的資源創造共贏，將是未來在電商產業競爭中的致勝關鍵。

◎表1.1 賣場平台 VS. 品牌官網

	賣場平台	品牌官網
進入門檻	較低，新手可快速上架商品	較高，需建置費用及時間
流量歸屬	流量高，但屬於平台方	流量視品牌經營情況， 但屬於品牌
會員歸屬	屬於平台，無法後續再利用	屬於品牌，可後續利用
電商數據	屬於平台，需從平台方取得	屬於品牌，可進行後續分析
品牌風格	依照平台方視覺	客製化、易展現品牌風格
消費者 忠誠度	低，難產生信任	高，容易信任品牌
商品價格 掌控	需配合平台活動做調整	品牌完全掌握，促銷不受限
競爭環境	同質性對手多， 常淪為削價競爭	與競品公平比較
經營風險	有假貨誤導消費者， 影響品牌聲譽	自行掌握貨況， 能第一時間處理問題
行銷精準度	低，有花預算下廣告， 才有較多曝光機會	高，可精準投放廣告， 提高購買機率
消費者 體驗路徑	無法自行掌控， 需配合平台活動及行銷	各階段能自行掌控， 可進行不同的行銷活動， 來刺激消費者買氣

02

打造品牌官網該用開店平台還是自架網站？

透過兩大問題釐清建站需求，讓品牌預算發揮最大效用

前一節提到從商城賣場畢業、持續經營品牌的必要性，建立一個品牌官網正是當務之急。對於打造品牌電商官網的方式，坊間常見的作法大致上分為「開店平台」以及「自架網站」兩種，當中各有利弊。我們將透過以下分析，協助賣家評估哪一種方法更適合你建立品牌官網。

開店平台及自架網站的差異

一般來說，開店平台及自架網站最大的差異，就在於「建站的難易度」。

以開店平台為例，能夠提供賣家快速、簡單的架站服務，並且賣家無需具備程式語言相關背景也能輕鬆上手，建站難度較低。常見的開店平台有SHOPLINE、Shopify 等。

自架網站則有高度的客製化彈性，但需要較長的時間成本及相當的技術要求，相對建站難度較高。常見的架站服務平台則有Wordpress、Opencart等。當然，兩種方式之間還有其他細部的差異，以下針對這些差異進一步說明。

開店平台的優勢

開店平台從網頁建置、金物流串接、訂單庫存管理、會員管理、數據分析、行銷模組、第三方技術串接（如其他API串接）等功能俱全，大幅降低打造品牌官網的難度，不用煩惱技術問題也能快速切入市場。

此外，開店平台通常會具備完善的售後服務及系統維護，同時也有平台的使用教學，像SHOPLINE便有提供教學部落格及客戶線上諮詢、舉辦實體課程等服務，加上開店平台會定期維護系統，與時俱進的開發新功能及維護既有功能，滿足賣家們各種開店需求。

自架網站的優勢

自架網站的自由性高，能夠做出獨一無二的品牌官網。以常見的Wordpress為例，可以選擇多種精美主題，並透過外掛來實現不同的網站設計，高度客製化品牌官網，對於網站的視覺呈現的掌控度較大。

但自架網站不論是自行建置，或是找尋外包廠商協助等，收費方式都常以你的需求來報價，收取單次性費用，長期平均下來的成本不見得較低；後續網站維運也都會收取額外費用。我們將開店平台及自架網站兩者的差異列於表1.2。

釐清自己的建站需求

不論用哪種建站方式，目的都是為了獲得「訂單」，因此你可以透過下列兩個問題群組，自我評估品牌的狀況及現有規劃，來釐清自己適合哪一種建站方式。

Q1 我有多少資源能架設網站？

對許多賣家來說，創業的每一筆資金都需謹慎使用，建議先審視自己擁有的資源後再來評估後續的選擇，以查看目前擁有的資源該怎麼利用：

一、團隊中有無技術人員？是否有具備程式語言專業的人員能應付突發狀況？

二、團隊有多少人力能夠了解電商架站？他們能花多少時間研究架站？

◎表1.2 使用開店平台 VS. 自架網站

	開店平台	自架網站
進入門檻	低，無網頁程式技術可入門	高，需有懂程式語言的技術人員協助
常見廠商	SHOPLINE、Shopify	Wordpress、Opencart
收費方式	通常採用月租或年費方式付費給平台，或是有固定手續費等	一次性費用居多，根據需求添購外掛、主題，或尋求外包商
建置時間	快速，多數會提供免費試用	期程較長，須完成後才能測試使用
呈現方式	以開店平台提供版型為主，部分平台開放在版型架構下調整CSS或提供客製化服務	完全依照品牌風格製作，受限較小
服務方式	一站式解決架站、電商需求	需由工程師編寫網頁內容，由外掛商店添購功能
金物流串接	金物流串接完整且多元	需自行洽談金物流串接，作業流程繁複
隱形成本	較少	需聘請技術人員，花費時間人力成本

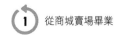

三、自己對網站架設有多少背景知識？若遇到問題時，能夠怎麼尋求幫助和解答？

Q2 品牌官網現在及未來的需求有哪些？

一個品牌官網會有許多電商以外的功能需求，例如線上客服、會員經營等。舉例來說，建站初期可能還沒規劃會員經營，但品牌逐漸成長後，勢必就會需要會員系統。因此你需要考慮現在及未來可能會有的需求，以此作為出發，去思考哪一種架站方式可以滿足你。

根據SHOPLINE客戶回饋的分享，我們歸納出三項品牌經營必備的重要功能：

一、**會員管理功能**：培養忠實顧客是維持商店營運的好方法。一套好的會員管理工具，能有效幫助你蒐集會員資料，針對不同會員給予最適切的服務。

二、**行銷數據工具**：做網站常遇到的最大難關，就是不知道客人從哪來，因此好的行銷數據工具對品牌經營相當重要。從搜尋引擎優化、網站追蹤工具、數據分析，到品牌舉辦的促銷活動，這些品牌經營的規劃，也都應該考量進去。

三、**金物流串接功能**：金物流是電商的核心關鍵。提供客人方便又簡單的購物體驗，是品牌長久經營最需要重視的部分。

賣家們可以根據這兩個問題群組，嘗試了解自己在經營品牌官網上擁有哪些資源，再決定適合你的架站方式。相信當你決定建立品牌官網的同時，也將是你的電商生意突破的時刻，能以更穩健的步伐逐步打造品牌電商版圖。

03

品牌官網該以什麼營運方式與消費者溝通？

跳過中間商、直面消費者，DTC模式是品牌未來的經營之道

身處在資訊爆炸、商業型態快速迭代的時代，消費者對品牌的要求也日益提高。不夠新穎的商品組合，或是不夠吸睛的廣告呈現，都很容易讓他們感到疲乏。多數消費者會依據對品牌的信任做為購物的衡量指標，因此品牌必須先建立他們對於品牌的信任。

但實作上該怎麼做呢？「DTC」的商業模式正好為各位賣家提供了一個解答。

DTC模式——讓品牌直接與消費者溝通

DTC（Direct to Customer），顧名思義就是「直面消費者」，是一種配合行銷操作來引導終端消費者直接與品牌購買商品的銷售模式，舉凡路上發品牌DM、實體門市辦VIP活動、經營品牌電商官網等，都屬於此範疇。

近年此模式逐漸開始被各大品牌重視，紛紛跳過與經銷商合作及上架電商平台等通路，選擇打造屬於品牌的電商官網，透過品牌直接與消費者溝通，建立更牢固的顧客關係，及良好購物體驗，取得顧客對品牌的高度信任感。

DTC模式能快速獲取回饋、促進改良

賣家們可能會思考，DTC與傳統的商業模式有何區隔？

在傳統商業模式中，消費者與品牌之間往往隔著「中間人」，如代理商、經銷商等，使品牌從商品開發、製造到通路佈局，都無法第一時間快速取得消費者回饋，增加了雙方之間溝通的難度，相對提高人力資源及時間上的額外成本。

而透過DTC的模式，免去了中間商的行銷、銷售、客服等環節，讓品牌第一線的接觸消費者，不論在貨源開發、商品製造等過程中，都能直接獲取消費者回饋，深入了解他們的需求與痛點，讓產品在研發或宣傳上擁有更多靈感，藉此延伸出更多品牌能操作的項目，如購物體驗的強化、品牌原生內容產出、數位廣告投遞等。

同時，DTC的運作模式能將節省下來的成本回饋到消費者身上，讓他們能夠買到「較低價且更符合需求」的商品，增加他們的回購率。此外，由於消費者能直接給予品牌回饋，

於是他們也會更願意與品牌進行意見交換，逐漸培養出品牌的忠誠度，進而願意為品牌推廣，拉近雙方距離以創造雙贏局面（圖1.1）。

消費者逐漸支持DTC品牌

根據美國品牌公關公司Diffusion的一項調查（二〇一九）顯示，[2]有四〇%的美國消費者曾向DTC品牌購買過商品，而這數字預估將在未來五年間會成長到五〇%。隨著眾多消費者對DTC品牌持開放態度，該調查也表示了有三五%的消費者減少了在傳統通路上購買保健、美容等類型的商品，同時約有三一%的人減少了在大型實體零售店的消費，轉而向DTC品牌官網購買。

為什麼會有如此轉變？答案便來自於DTC的「去中間化」特性。它能免除中間商的抽成，使品牌能提供較低的售價，並且直面消費者來提供貼合需求的服務。兩者加成後，大幅提高消費者對品牌的信任感，同時也增加購買商品或服務的意願。

成為DTC品牌必須擁有的六大核心

既然DTC模式是未來品牌發展的趨勢，想打造品牌官網的賣家勢必可選擇此種經營方

圖1.1 DTC模式與傳統商業模式差異

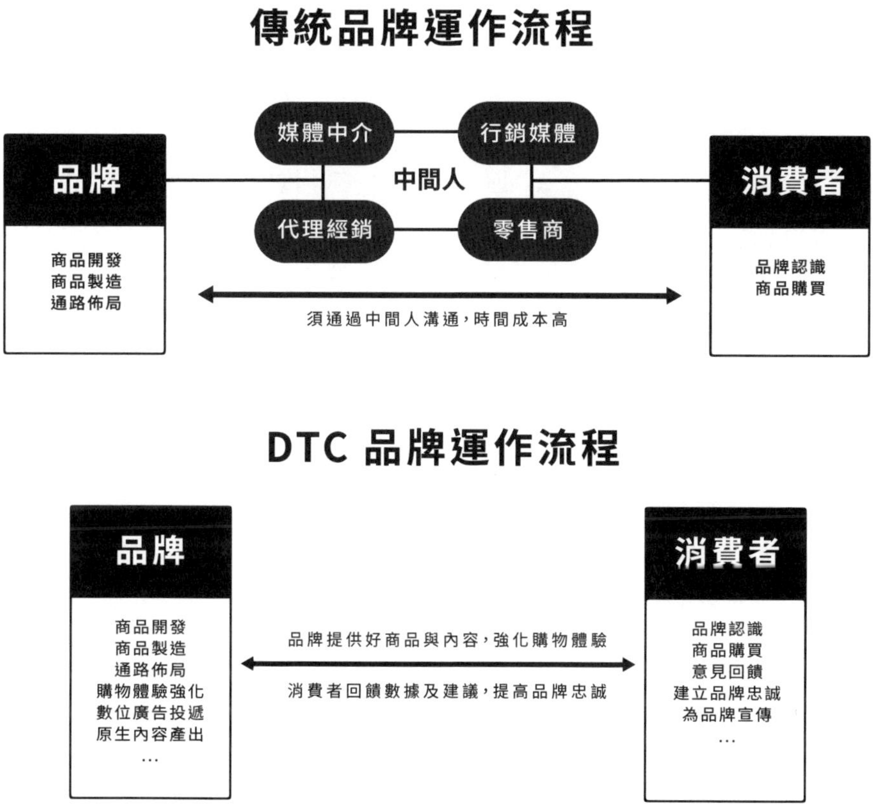

式，而它的核心觀念就是「正視消費者的需求」。以SHOPLINE近年與客戶合作的經驗中，我們萃取出以下六點DTC模式所需要具備的核心要素：

一、與消費者直接溝通，親自管理每個銷售管道。

二、以消費者需求為主開發產品，解決其痛點。

三、蒐集消費者數據，以數據驅動品牌發展決策。

四、線上與線下整合，完善消費者購物體驗。

五、提供超越消費者原有預期的服務。

六、利用故事、內容為品牌賦予生命，以「品牌理念」與消費者溝通。

依據上述六點去規劃品牌，便能夠為品牌帶來一個正向的循環：從紀錄消費行為數據開始，觀察消費者對品牌的期待，提供消費者客製化的商品或

圖1.2 《Bonny & Read》飾品的品牌官網

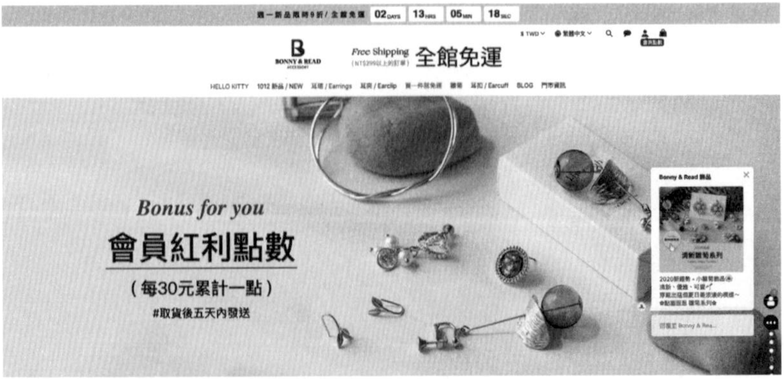

圖1.3 《女主角飾品》的品牌官網

服務，再依照消費者的意見反饋進行優化，促使他們持續地與品牌互動，打造出DTC直面消費者的購物生態。

以台灣知名的飾品品牌《Bonny & Read》及《女主角飾品》為例，便是透過SHOPLINE建置屬於品牌的DTC電商官網。《Bonny & Read》飾品常透過官網與消費者互動，獲取消費者數據，並專注在會員經營，整合線上官網及線下門市資訊，產製內容與消費者精準溝通，提供全方位良好的購物體驗。

《女主角飾品》則以獨特的主題故事，融入鮮明的設計風格，用品牌理念與消費者溝通，滿足消費者的心理需求，創造出超乎期待及驚喜的購物體驗，加深與消費者之間的信任感。而透過DTC的模式，也讓這兩個品牌成為了台灣知名的飾品品牌。

綜觀電商近年發展，DTC模式已逐漸深化在電商產業中，越來越多品牌透過DTC模式經營電商。我們將在下一節解釋，導入DTC銷售模式經營品牌官網，與消費者面對面地接觸，究竟能帶來何種優勢及發展，讓各大品牌都趨之若鶩。

04

DTC品牌官網為什麼是電商發展的主流趨勢？

利用DTC的三大優勢經營電商官網，打造品牌經營正向循環

二〇一九年，Nike告別了全球最大的電商平台Amazon，決定以DTC（直接面對消費者）的方式打造電商官網，專注提升消費者體驗，同時也加速了品牌電商的發展。全球各大品牌選擇透過DTC模式來銷售，已逐漸成為現今電商市場的發展趨勢。

DTC經營品牌官網的三大優勢

當你決定拓展電商生意，又想以品牌的思維來經營時，DTC模式是你的首選。DTC模式具備以下三個優勢，能讓經營品牌電商更有彈性。

一、營運成本掌握度高

如果你是有穩定銷售業績的電商賣家，可能會想要上架流量更大的B2C購物平台，但這些平台光是進駐費用就是一筆龐大開銷，並且金流、物流需配合平台方，若沒有充足的商品庫存入倉，也無法順利入駐這類的大型購物平台。此外，這些平台營運的抽成%數相對較高，容易讓品牌的利潤空間受到壓縮。

相較於此，DTC模式雖然需要一個屬於品牌的官網，但隨著近年網站架站技術及開店平台的興起，使得擁有自己的品牌官網變得格外簡單。這些開店平台既不用大筆的平台進駐費用，在營運成本掌控上也擁有高度的彈性，同時又能創造品牌直面消費者的機會，讓他們對於品牌留下好的印象。

二、品牌經營忠誠度高

一個品牌以DTC模式經營，勢必需要忠誠顧客的支持，因此在顧客經營上需要具有會員系統的品牌官網，同時品牌官網也能夠在網站中彰顯自己的理念及獨特銷售主張（USP，Unique Selling Proposition），讓潛在消費者更認識你。

DTC品牌官網不僅能夠取得消費者信任、培養忠誠顧客，同時也會讓消費者願意在網站上互動。若是仍使用B2C電商平台，消費者可能需要透過平台方客服反應，或者自行尋找能夠直接與品牌聯繫的方式，花費的時間成本較高，容易磨損消費者與品牌進行互動的意願與動力。

三、數據優化精準度高

在DTC銷售模式之中，最重要的關鍵就是「顧客」（Customer）。近年消費者路徑破碎且複雜，從他們尚未認識品牌，到願意購買商品、甚至成為品牌擁護者，過程中都需不斷蒐集數據來優化品牌經營。

以現代行銷之父菲利普．科特勒（Philip Kotler）提出的5A架構來看消費者體驗路徑，「認知（Aware）→訴求（Appeal）→詢問（Ask）→行動（Act）→擁護（Advocate）」，各階段皆能透過品牌官網獲得更精準的數據。

- **認知階段**：消費者剛接觸品牌階段，若你沒有品牌官網，品牌所能產生的信任感就相對較少，無法累積自己網站的流量，也不能蒐集到消費者輪廓的數據。

- **訴求階段**：消費者只會對少數品牌有印象，如果是上架B2C電商平台，勢必競爭對手非常多，若沒有相當的預算進行曝光，可能就會在此階段流失潛在顧客，無法蒐集到網站流量等數據。
- **詢問階段**：消費者已經了解品牌，此時如果沒有品牌官網，在他們搜尋比較時，僅會找到電商平台、購物商城等資訊，注意力可能會被其他品牌吸引走。但如果有品牌官網，可在此階段獲取消費者的行為數據，瞭解他們從哪些管道來、瀏覽了哪些頁面等，來提供進一步促進轉換的行銷參考。
- **行動階段**：這是「轉換」的關鍵。有時消費者會猶豫，即使將商品放入購物車，也可能會因為想等待優惠而遲遲不結帳。若你是在B2C電商平台上經營，遇到這種情況你無從知曉，但是如果有品牌官網，便可得知消費者來到官網後的購物車行為事件，了解消費者在哪一步放棄結帳，得以找到網站可優化的地方。
- **擁護階段**：當消費者已經與品牌互動過後，如果你沒有品牌官網，就很難取得各種可應用的數據，像是每個會員喜好的商品有哪些、購物頻率為何等。這會讓你難以找出方法提高消費者體驗及回購率，也代表讓消費者成為品牌擁護者的可能性因此降低。

在不同階段當中，都會需要品牌官網的數據來優化消費者體驗路徑，當你完善此路徑，自然而然就能培養出一批忠誠顧客。他們不僅會為你推薦品牌，還能降低你的行銷宣傳成本，並且讓更多潛在消費者看見你的品牌，產生的效益非常可觀。

DTC品牌官網能營造正向循環

綜合上述提到的三大優勢，可以發現各優勢之間會相互影響（圖1.4）。透過品牌官網蒐集會員資料，配合數據分析進一步了解消費者，提高他們對品牌的忠誠度；當他們成為品牌鐵粉時，會自主幫助品牌宣傳，降低品牌行銷預算，讓營運資金有更多發揮空間，同時也可透過營運資金來強化數據分析功能，形成一個正向循環。

而在這瞬息萬變的市場，以DTC作為營運品牌官網的核心，不僅能使品牌官網有更大的發展潛力，也能讓賣家們在複雜的電商產業中，乘上發展趨勢，帶領品牌逐步成長茁壯。

第1章　註解

1 https://brandshop.com/news/brandshops-consumer-focused-survey-reveals-shortcomings-in-the-current-online-shopping-experience/

2 https://www.diffusionpr.com/us/news/130/diffusions-2020-direct-to-consumer-purchase-intent-index

圖1.4 DTC 品牌官網的三大優勢，形成一個正向循環

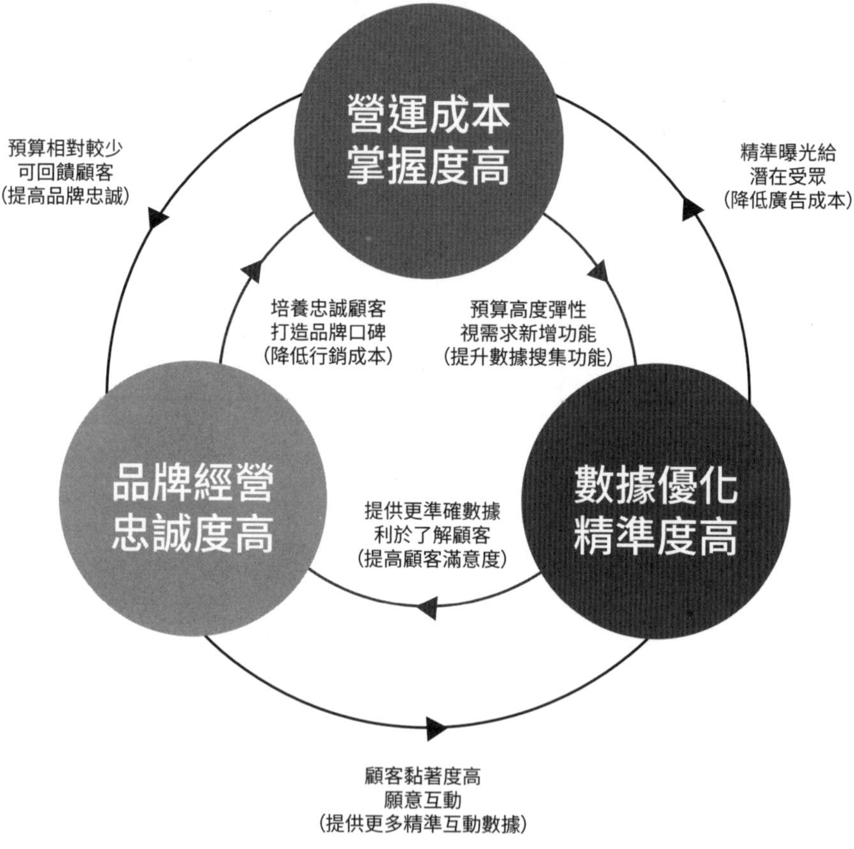

常見問題與迷思

Q 做品牌官網已是電商主流趨勢，因此經營大型B2C賣場、商城等平台的通路佈局已經不重要了？

A 本書主要是提倡經營DTC品牌官網，但不代表品牌主們一定要放棄原先的電商通路。

事實上，在我們眾多的品牌案例中，大多數以賣場、商城起家的品牌在打造官網後，都會同步經營原先的通路，待整體經營穩定後，則會趨向以「多通路、多平台」的銷售佈局，去觸及不同消費習慣的潛在顧客。主要的關鍵在於品牌該如何分配資源於各個通路上，確保銷售力道可以發揮最大值，是各位可以進一步思考的問題。

Q 常聽到很多人說：「品牌很重要，但做品牌要花很多錢。」若是在品牌剛創立、沒有太多資源時，是不是就沒辦法把品牌做好？那還需要做品牌嗎？

A 老實說，做品牌「花錢」這件事是無可避免的，但常聽到台灣中小企業對於做品牌要砸大錢的想法，主要是因為多數人會認為做品牌就是花大錢做行銷，同時也認為做品牌無法快速產生看得見的成效，不如拿去提升商品。

但其實做品牌更深遠之目的，是創造公司的「未來價值」，其取決於你為什麼要做品牌、你的品牌主要溝通對象是誰等。當你清楚知道你做品牌的原因、目的、受眾時，便能更清楚地規劃及找到有效率的方式來經營品牌，才能避免掉不必要的成本支出，也能讓品牌成為你公司未來持續發展的重要資產。本書後面章節也會提到經營品牌的一些策略方法，有些操作甚至不用花大錢也能有效果，相信當你閱讀完畢，會對品牌經營有更多的想法。

第 2 章

踏上品牌電商之路

一個成功的「品牌」，從取名、包裝、到網站設計，都必須透過品牌理念來一以貫之，才能讓整體品牌具有魅力。本章將透過各種技巧跟實際案例分享，提供經營者靈感及建議，讓你透過「品牌」成就非凡。

BRAND

05 品牌名怎麼取才能讓人印象深刻？

「品牌名」即是宣傳！四大命名技巧搶佔顧客好感先機

一個品牌的誕生，首要任務就是取一個好名稱。如何取個令人印象深刻、又能產生好感的名稱呢？有些人會參考同業取名方式，有些人會根據自己喜好取名，但不論是何種形式，都須謹記：品牌名就像是一則廣告、一件產品、一種形象，更是讓顧客產生記憶點的一種武器。

恣意取名不僅無法帶來差異化的優勢，還可能會變成品牌的劣勢。二〇〇五年由馬蒂・紐梅爾（Marty Neumeier）撰寫的《品牌魔力丸》（The Brand Gap: How To Bridge The Distance Between Business Strategy And Design）一書，便提及：「好的命名可以成為品牌最有價值的資產，除了能塑造品牌差異化之外，更能加速大眾的接受度。反之，錯誤的命名也可能會造成營收上的損失，甚至使得品牌的生命週期快速凋零。」

品牌命名的四大技巧

既然品牌名稱如此重要，是否有命名技巧？知名品牌命名公司創辦人亞歷山德拉・瓦特金斯（Alexandra Watkins）所發明的「微笑&搔頭」法則（Smile & Scratch）就是值得參考的方式。一個好的品牌名要能讓人微笑（Smile），而不是讓人看了摸不著頭緒、不禁搔頭（Scratch）。

底下我們整理了四個常見的品牌命名方式，希望能為正在煩惱品牌名稱的各位賣家帶來些許靈感。

一、與商品本質相關的命名

品牌命名最常見的方式，就是讓名字與「商品」產生關聯。一個好的品牌名，不外乎一提到名字，大家就會想起你是賣什麼類型的商品。下面提出三個與商品相關的命名技巧給各位參考。

針對商品的「品項名稱」

簡單來說，你賣什麼商品，就從該品項出發來命名。例如服飾產業，取「衣」相關的店名，並且可以加入一些諧音的巧思在店名中。

參考案例：黑糖茶飲泡磚品牌《添糖》、雞蛋零售品牌《傻蛋》。

針對商品的「服務對象」

如果你想讓消費者一看到品牌名，就知道你的服務對象是誰，也可以在名稱加上「消費者的特性」。例如男性理髮商品常會看到加上Mr.等開頭字眼，明確告知消費者你的服務族群。

參考案例：寵物用品品牌《寵物迷》、戶外用品品牌《AMOUTER戶外人》。

針對商品的「功用效果」

使用商品的功能性來命名也是非常常見的品牌命名方式，像是嬰兒尿布品牌幫寶適（Pampers）、居家用品品牌宜家（IKEA）的中文名稱都屬於此方式，可以得知品牌所賣的商品效用為何。

參考案例：食品零售品牌《Fresh Recipe 享廚好食》、烘培用品品牌《烘焙樂工坊》。

二、簡單易懂的命名

有些品牌的名字雖然獨特，卻不容易融入消費者的日常生活當中。此時不妨選用「人名」、「物品」、「數字」等元素組合，取一個簡單好懂又好念的品牌名。

人名參考：《Ford 福特汽車》、《Disney 迪士尼》。

物品參考：《Apple 蘋果》、《Burger King 漢堡王》。

數字參考：《7-11》、《3M》、《七喜》。

三、原創高辨識度的命名

在取品牌名時，同個產業常會出現很雷同的名字。為避免和其他店家混淆，建議可先觀察同業常用的字詞，並避開那些辨識度低的名稱，原創出品牌獨有的名稱。通常可以用「諧音」、「口號」、「重組」（將中文或英文單字相互搭配重組）等方式命名。

諧音參考：肉品品牌《發肉覓》——由 Follow Me 翻譯而來，想吃肉就該 Follow Me 的概念。

口號參考：販售軍裝機能配件品牌《Oorah》——Oorah 是美軍激勵士氣時會喊的口號。

重組參考：行動錢包品牌《ZENLET》——中文名稱為「禪與萊特」，Zen代表禪、let發音與萊特相似，象徵著品牌結合東方感性的極簡設計，與西方萊特兄弟理性不怕失敗的精神。

四、從「情境」聯想命名

賣家們也可以嘗試以「情境」方式取名。例如知名品牌Amazon，起初以「亞馬遜河」為全球最大河流之一為命名由來，象徵Amazon將成為全球最大書店，同時品牌名稱也容易使人聯想到「亞馬遜叢林」，給人一種商品繁多之感。你若想以此方式命名，可先思考你的產品能夠產生何種聯想：

- 你的品牌想以何種形象植入顧客心中？
- 顧客會在什麼情境下使用你的商品？
- 你的商品能夠滿足顧客什麼需求？顧客會成為什麼形象？

可以透過上述問題去做延伸發想，從而找到合適的品牌名稱。

參考案例：實境解謎遊戲製作品牌《聚樂邦》、水晶手鏈飾品品牌《慢溫》。

圖2.1 品牌命名四大技巧

品牌命名四大技巧
與商品相關命名
➤ 以「品項」:漢堡王
➤ 以「對象」:戶外人
➤ 以「功用」:宜家
簡單易懂的命名
➤ 以「人名」:迪士尼
➤ 以「物品」:Apple
➤ 以「數字」:7-11
➤ 以「諧音」:發肉覓
➤ 以「口號」:Oorah
➤ 以「重組」:ZENLET
原創高辨識度命名
➤ 品牌的形象呈現為何
➤ 顧客使用商品情境為何
➤ 能滿足顧客需求為何
情境聯想的命名

品牌命名兩大注意事項

一、注意商標註冊及合法性

當你決定好品牌名稱後，必須確認該名稱是否有人使用過。有些創意想法或許早已被其他品牌捷足先登，因此你可以把想到的名字放到Google搜尋，檢查是否已有人使用，也可以利用商標查詢網站來檢查名稱是否已被註冊。

另一方面，商標的合法性也須留意，若是品牌名稱帶有歧視、暴力等非普世價值觀所能接受的範圍時，不只在申請時難以通過，消費者也不會買單。

二、設想品牌未來發展，不隨意更改名字

一個品牌名稱拍板定案後，你會需要設計LOGO、申請商標、行銷品牌等，倘若未來你需要更改品牌名字，可想而知得耗費諸多成本。因此在正式決定品牌名字之前，可以先設想未來發展的方向，並且選擇一個發展彈性較大的名稱。

其實品牌命名有許多細節，中文品牌名稱及英文名稱也大有學問，值得各位賣家好好思

考。建議各位可以將所有你想到的名字都記錄下來，並且不斷地發散、收斂，最後從中挑選最合適的名字，為你的品牌電商之路邁出第一步。

06

品牌商品包裝設計如何勾起消費者興趣？

利用包裝五大要點為品牌說話，吸引七〇%的消費者目光

在競爭激烈的業態環境，綜觀長時間尺度下的產業脈動，你會發現「品牌」意識越強烈的店家越容易存活。從其品牌名稱、風格、理念故事到商品力，都是形塑品牌印象及站穩市場的關鍵因素。其中，商品力更是主要關鍵，它包含了商品品質、性價比及設計風格等要素，而當中首要接觸到消費者的，便是「商品包裝」。

商品包裝的重要性

市調研究公司益普索（Ipsos）在二〇一八年的市調當中顯示，[1]多數受訪者認為商品包裝設計（七二%）及包裝材料（六七%）會成為他們購買商品的考量，更有超過八成的受訪者認為包裝設計會影響他們購買禮品時的選擇。

此外，在綜合類期刊Heliyon二〇一九年的一篇研究中指出，[2]以巧克力包裝做測試，外包裝不只影響受試者對巧克力的喜好，包裝上的正面形容詞，如快樂、健康等，更直接影響購買意願。

有鑑於此，品牌在製作商品包裝時，視覺設計會成為決定性的因素，其中外觀呈現、文字標語等都會造成消費行為的差異，因此商品包裝設計對於品牌是非常重要的一環。除此之外，另有三個值得注意的重點：

- 包裝需提供消費者需要知道的內容訊息，尤其是食品、美妝保養等產品要更加留意。
- 包裝材質需能保護好商品本身，並且需要考量到物流配送時的保護效果。
- 包裝設計能夠傳達出品牌個性，建立起識別度，可與品牌常用配色做主色參考。

當賣家掌握以上重點後，再藉由包裝設計來加乘購買價值，可以刺激消費者的購買慾，也能加深他們對於品牌的記憶點。

商品包裝設計五大要點

好的包裝設計能為你訴說一個故事、營造購買情境，加點巧思還能為消費者帶來耳目一新的感官體驗，讓商品成功在市場競爭中脫穎而出。在包裝設計上，可以透過以下五大要素來創造吸引人的包裝。

一、你的商品是什麼（商品品項）

首先，確認商品類型、大小、性質至關重要。深度了解商品是開始做包裝設計的第一步。以食品為例，商品是否需要完全密封、抽真空、保存期限等問題，都會影響包裝設計的方向（如包材使用等）。如果是高價電子商品，可能要考慮運送時防撞的問題。種種細節都需事先詳細考量。

二、哪些人會購買商品（商品受眾）

理想的商品包裝是要能吸引到對的消費者，所以在設計前要先知道「你要賣給誰」。商品是適合男性或女性、是成人或青少年等，都需透過品牌描繪出既有受眾輪廓後，找到讓他

圖2.2《Relove》的商品包裝（圖片取自其官網）

們心動、激起他們購買慾望的設計風格。

以知名私密處保養品牌《Relove》為例，商品的瓶身設計到外包裝都是以女性角度出發，整體外觀就像是平常在用的美妝保養品，讓消費者放在浴室被看到也不會感到尷尬的貼心設計，是他們主要的設計理念之一。

三、深植品牌形象（品牌識別）

商品包裝也是品牌形象的延伸，賣家們可以在包裝放上LOGO、品牌標語或是吉祥物等，藉此呈現獨特的品牌風格，將品牌理念延續，讓消費者一眼就能看出是哪個品牌的商

圖2.3 《女主角飾品》主題式商品包裝（圖片取自其官網）

品。商品包裝是傳遞價值與溝通的良好媒介，也是品牌體驗旅程的重要環節。

如人氣飾品品牌《女主角飾品》，以主題式企劃推出富有東方古典美學的飾品，將品牌風格體現於商品包裝上，並將不同主題的特色融入其中，如俠客行系列就透過飛鴿傳書等元素增添包裝的吸引力，營造出沈浸式的購物體驗。

除此之外，也有研究指出，運用環保材質做包裝設計，消費者在選擇商品時也會將其納入購買考慮，不僅賣家可強化品牌與友善地球的連結性，同時也能強化與消費者之間的好感度。

四、營造媒體效益（品牌宣傳）

商品包裝也能做為品牌的一種媒體宣傳，當創業初期沒有太多資源投放放廣告時，賣家們不妨將包裝視為一個曝光管道。除了放上品牌識別及必備資訊外，可以在包裝上加入網站 QR Code、Facebook 粉絲專頁、Instagram 帳號等，增加品牌被搜尋及曝光的機會，有效成為你的流量入口。

五、限定包裝推出（主題活動）

當消費者聽到「季節限定」、「活動限量」、「聯名包裝」等關鍵字時，時常會激起他們難以抗拒、掏錢購買的衝動。因此可以針對主題限定的活動，推出有別以往的商品包裝設計，觸發消費者購買專屬限定的優越感，滿足他們的蒐集心態。賣家們也可善用商品包裝帶來的話題性，引起大眾迴響，吸引更多舊客回購及新客目光。

商品包裝是一門學問，會深刻影響到消費者的購買體驗及對品牌的觀感，在電商產業中，更有物流配送時的外包

圖2.4 有餡蛋捲品牌《海邊走走》推出齊柏林主題包裝（圖片取自其官網）

裝設計，如循環包裝、綠色包裝等。唯有透過不斷的意見反饋、優化，才能堆疊出包裝所帶來的附加價值。建議賣家們可以多花點心思，可參考上述提及的五大要點（整理於圖2.5），主動將品牌形象以包裝設計推廣，加深與顧客的互動與情感交流，讓他們衝著包裝設計就買單。

圖2.5 品牌商品包裝設計五大要點示意

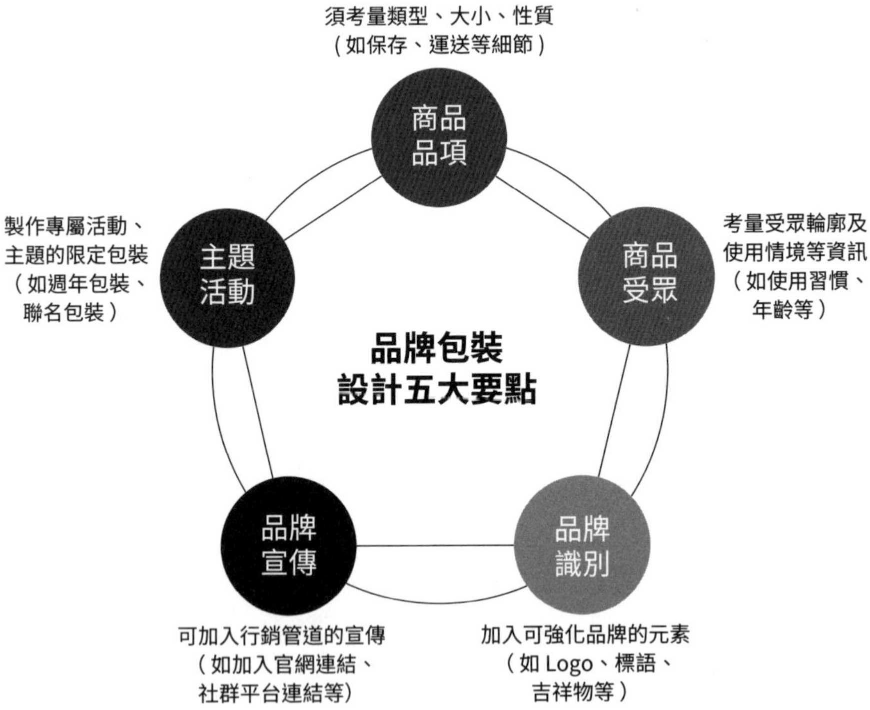
須考量類型、大小、性質
（如保存、運送等細節）
商品
品項
考量受眾輪廓及
使用情境等資訊
（如使用習慣、
年齡等）
商品
受眾
品牌包裝
設計五大要點
製作專屬活動、
主題的限定包裝
（如週年包裝、
聯名包裝）
主題
活動
品牌
宣傳
品牌
識別
可加入行銷管道的宣傳
（如加入官網連結、
社群平台連結等）
加入可強化品牌的元素
（如 Logo、標語、
吉祥物等）

07

如何設計出引人矚目的品牌官網？

掌握五大設計元件，快速打造視覺與體驗兼具的品牌官網

取好品牌名、選好商品後，再來要煩惱的就是選擇銷售通路。在第一章中，我們提到品牌官網在未來電商產業的重要性，本節內容著重於賣家上架品牌官網時，如何讓初次到訪的消費者能對品牌產生印象，並能將線下體驗元素轉移至品牌官網，其中的關鍵便在於——品牌官網的「設計風格」。

如果你的官網缺少設計風格，整體使用者介面及體驗（UI／UX）差，很容易讓消費者不耐煩而離開網站，更別說是在網站中下單。所以在設計官網時，除了需扣緊品牌核心理念外，還需要將各種「設計元件」與品牌理念相融合，讓整體視覺維持一致性，塑造出強烈的品牌風格。

品牌官網的五大設計元件

設計官網時，究竟有哪些必要的「設計元件」？我們認為有以下五種元素：**品牌LOGO、網站配色、頁面排版、網站圖片、網站分類架構**。賣家們可以透過上述元素來構思品牌官網設計。

一、品牌LOGO

品牌LOGO有非常多的設計技巧，如果有預算，或許值得花錢來請專人設計，讓設計師充分發揮創意，製作出獨特的品牌LOGO。倘若賣家們沒有足夠行銷預算，也能夠透過網路上的LOGO設計網站，如DesignEvo、LOGASTER等來

圖2.6 SHOPLINE LIVE 的 LOGO 設計示意

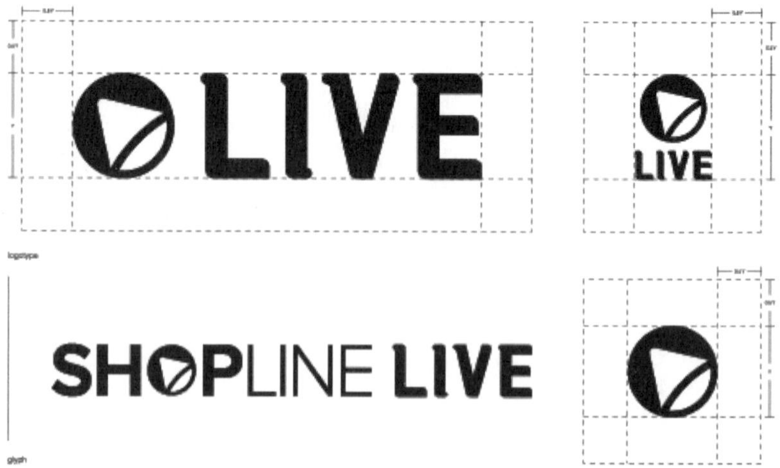

製作，同時也可作為後續設計的方向參考。

二、網站配色

配色與消費者心理關係密切，不同的配色會產生不同的品牌氛圍，例如大地色系容易營造出溫暖柔和的形象，對比鮮豔的配色則容易給人活潑、大方的感受。每個品牌都有自己想表述的理念與價值，透過配色呈現是最直觀且直接的方式。賣家們可以參考下列四種配色組合來設計網站：

- **冷暖色對比**：如紅色＋藍色。
- **有彩＆無彩色對比**：如黑色＋紅色、白色＋藍色。
- **色相搭配**：互補色搭配（如橘色＋藍綠色）。
- **飽和度搭配**：如大地色系（由深到淺）。

三、頁面排版

除了配色會影響消費者心理，頁面排版也會影響他們瀏覽體驗的舒適度。好的排版能夠讓消費者快速了解品牌想要傳達的內容，同時也能夠減少消費者的網站跳出率。

SHOPLINE分享五個在頁面排版上的建議（見圖2.7）：

一、**梯型排版**：多數消費者瀏覽網站時，注意力會集中在上方，瀏覽人數會隨著頁面越往下而遞減。因此建議賣家們將想要傳達的重點優先露出，並且在頁面下半段逐漸減少資訊量，避免降低消費者瀏覽的耐心。

圖2.7 網站排版建議示意

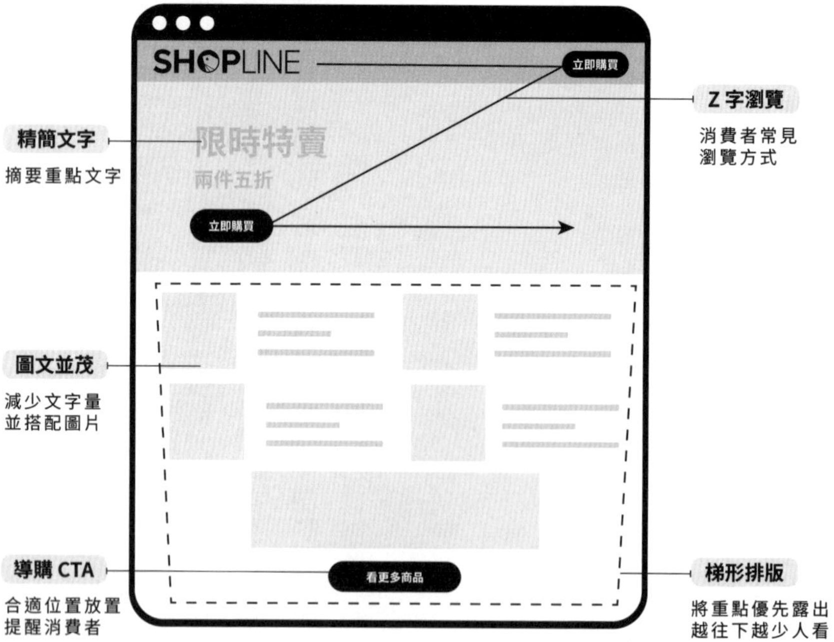

二、**Z字瀏覽**：一般消費者閱讀網站多為Z字型的瀏覽方式，因此可以將重點連結（如CTA）擺在同一個區塊中的右上或左下，依照消費者習慣瀏覽方式置入重要資訊。

三、**精簡文字**：文字量太多會降低消費者閱讀興致，建議文字精簡、摘要重點呈現。

四、**圖文並茂**：單純文字呈現會造成視覺上的壓迫與負擔，建議多以圖文搭配來排版。

五、**導購CTA**：CTA即Call To Action，主要是呼籲某種行動的一個觸發詞語，在電商上多用於鼓勵下單購買。消費者閱讀完資訊時，便是創造他們轉換的機會。因此在排版上，可將商品購買的區塊放置在重點內容後，讓消費者看完有興趣能夠直接前往下單。

四、網站圖片

對於網站圖片，除了常見的首頁主視覺圖（Key Vision Banner），網站中的每個商品圖片也都會影響整體網站的風格。網站圖片需要注意的地方包括：

- 商品圖色調需與整體網站風格一致，並且每張照片色調需有一致性。
- 使用清楚、高解析度的圖片，並壓縮圖片後再上傳，減少網站載入負擔。
- 圖片上若壓上文字，其對比要清楚，文字切勿過多。

圖2.8 《女主角飾品》商品照片維持統一色調及樣式，營造古典氛圍（圖取自其官網）

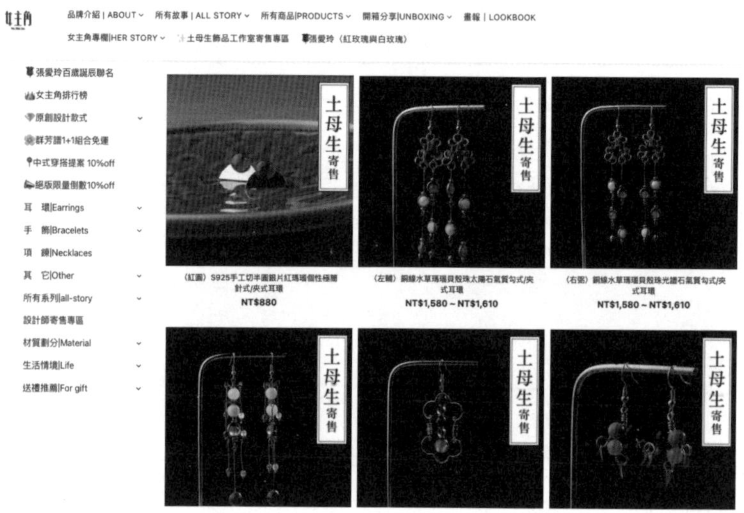

以SHOPLINE夥伴《女主角飾品》為例，品牌以古典風格為主，因此在整體品牌官網的圖片設計上，選擇用深褐色、復古濾鏡等方式處理，呼應其品牌形象。

五、網站分類架構

除了視覺上的呈現，品牌官網架構也需要精心「設計」，以免影響使用者閱覽心情。賣家們可以依照消費者「需求」來規劃，為消費者帶來舒適的購物體驗。

舉例來說，在陳列上千件商品的服飾網站，如果消費者想找一件裙子，他可能需要透過站內搜尋功能查找，而且搜尋後會一併跳出不同版型的裙款。此時，如果品牌官網有更詳細的分類方式，甚至針對「需求」來做分類，勢必能減少消費者查找商品的時間，加速購買效率。

水晶手鍊品牌《慢溫》便是透過「消費者需求」來做商品分類，讓進入網站的消費者能夠快速找到想要的商品。此外，搜尋引擎常以「使用者需求」作為網站頁面曝光的依據，若是以此概念來設定網站分類，時常能夠讓網站在搜尋引擎中排名靠前；例如，在Google搜尋「紫水晶功效」時，便會在前幾頁搜尋結果出現《慢溫》的商品頁面。因此有邏輯、清楚的分類，不只能讓消費者迅速找到商品，還能提升網站曝光及整體購物體驗。

圖2.9 《慢溫》以消費者需求作為品牌官網的商品分類

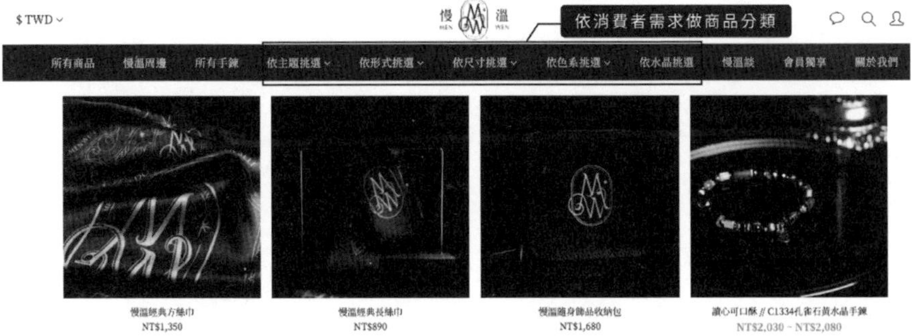

謹記上述的設計重點，便能設計出能留住視聽群眾、瀏覽舒適的品牌官網。此外，像SHOPLINE這類的智慧開店平台，時常會推出各種特色版型供客戶使用，並開放賣家自行設定LOGO、字體、配色等，若想兼顧品牌風格與便利性，不妨納入考量。

08 如何使商品頁面更具有導購效力？

把握商品頁面優化的五大要素，避免七〇%的消費者跳出網站

根據美國品牌優化內容平台SALSIFY的調查（二〇一九）顯示，[3]若商品頁面無法提供充足的相關資訊，會導致近七〇%的消費者選擇放棄瀏覽並離開，因此把商品頁面做好是獲取訂單的基本功。

賣家在從商城賣場轉移到品牌官網後，時常把原先的商品圖片、資訊直接同步到新的官網當中。這種做法儘管方便，卻無法發揮品牌官網的真正優勢。因此賣家們除了建置原本平台賣場既有的商品資訊，若是能在各種層面錦上添花，便可將品牌官網能帶來的效益疊加上去，強化消費者的購物體驗。

商品頁面五大優化要素

如上所述，必須將原有平台的商品內容資訊進行優化，才能提升商品頁訂單轉換的效力。底下我們整理了商品頁面優化的五大要素，各位可以藉此抓住消費者的注意力。

一、提高商品圖片與品牌官網的風格連結

一般來說，當顧客進入商品頁後，第一個映入眼簾的不外乎是商品圖片。根據 eMarketer 在二〇一八年的研究調查顯示，[4]有八三%受訪者認為網購的「商品圖片」會大幅影響他們的購買意願，而圖片相較於文字也更具有說服力。

不論在平台還是品牌官網，商品圖片都需要注意下列三點：

- **圖片要清晰、尺寸適中**：讓顧客瀏覽頁面時，不需花過多時間載入圖片，且對於販售商品種類能夠一目瞭然。同時最好具有圖片放大（燈箱）的功能，提升觀看便利性。
- **提供多角度商品圖片**：以服飾產業為例，除了實際穿搭照，還可以放上一系列的商品近照、全身照、材質、細節等特寫，或是同款不同色的圖片供顧客參考。

- **商品圖風格需要連貫**：若商品款式眾多，建議維持相同的拍攝手法及排版風格，讓品牌官網更有辨識性及一致性。

此外，相較於商城賣場，品牌官網更能夠從整體視覺上來營造品牌氛圍，因此在掌握上述三點之餘，還可將商品圖片的調性與官網風格相連結。如永續設計品牌《匠子CHANZ STUDIO》，其官網整體走偏白灰配色的簡約風格，打造如大理石般的色調，同時商品照片也以乾淨簡單的背景來襯托商品，維持整體風格的一貫性。這樣不僅能夠跳脫平台賣場固有的配色，更容易讓消費者

圖2.10 《匠子CHANZ STUDIO》的商品圖片與網站風格一致，點擊後還能放大看到商品細節，抓住消費者目光（圖取自其官網）

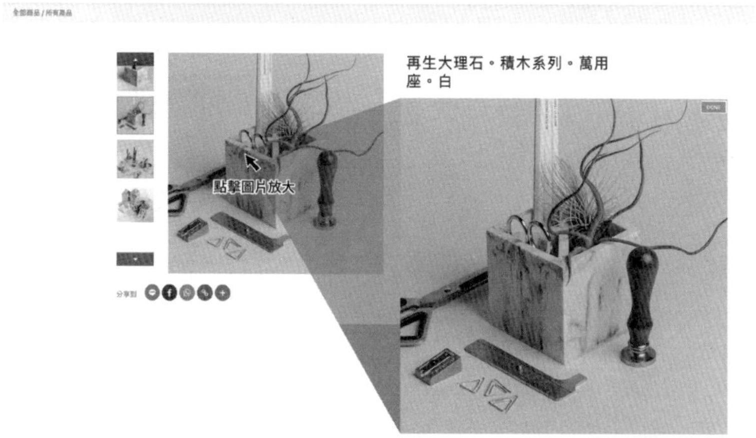

沈浸在品牌營造的情境中，提升購買體驗。

二、因應各地區消費者提供多種幣值價格標示

經營電商，價格往往都是消費者買單與否的重要考量。不管商品有多吸引人，消費者在購買前都會想知道「明確的價格」，因此無論是在商城賣場或是品牌官網，都必須提供清楚的價格、幣值及計價方式。

坊間的商城賣場多半都是以「台幣」幣值為主，但隨著跨境購物門檻逐漸降低，很多品牌的購買族群皆擴大至海外，所以因應不同幣別的消費者，應提供他們習慣的幣別價格。如服飾品牌《WEAVISM織本主義》便有新增多種幣值的轉換，降低海外消費者換算匯率的時

圖2.11　《WEAVISM織本主義》在官網加入幣值切換功能（圖取自其官網）

間，提高他們購買商品的機會。這是智慧開店平台SHOPLINE的既有功能，每天還會即時更新幣值匯率轉換。

三、行動呼籲（CTA）放置在醒目位置

在各大品牌官網中，顧客最熟悉的就是「加入購物車」或「立即購買」等具有號召性的CTA。當顧客在瀏覽頁面時，CTA猶如無聲的暗示信息，提醒他們點選此處就能購買商品。底下列舉三個品牌官網可以強化CTA的小技巧：

- **將其擺在醒目的位置**：除了常見在商品價格下方的位置，賣家們也可以透過品牌官網客製化的特性，將CTA懸浮在畫面右

圖2.12 《TOYSELECT拓伊生活》將加入購物車即立即購買的CTA按鈕懸浮在商品頁中，方便消費者立刻選購（圖取自其官網）

下角等，讓消費者下滑到任何一處都能直接點擊按鈕購買。

- **使用鮮明強烈的顏色**：鮮豔的色彩使用有助於引起顧客注意，像是使用對比色讓目光集中在CTA上。有別於商城賣場限用既有配色，品牌官網能夠自行設定CTA的顏色。
- **呈現採取行動的措辭**：明白告訴顧客點選此按鈕後的作用，如「立刻購買」、「限時購買」等。有別於商城賣場固定的CTA措辭，品牌官網的調整幅度較高。

圖2.13 《JC科技》在商品頁面加入情境影片來強化購物體驗（圖取自其官網）

四、藉由多媒體內容豐富商品說明資訊

商品頁面的商品說明資訊，在「說服消費者」的層面上扮演著舉足輕重的角色。各種電商平台皆有提供賣家輸入商品說明資訊的區塊，但坊間大多數平台都有固定的格式，想要提升商品說明資訊的素材，來強化購物體驗時，常會遇上瓶頸。

品牌官網在商品說明資訊優化的手法便具有彈性，除了用文字說明，更可以放上表格、圖片及影片等多媒體素材內容，藉此強化消費者在購買過程中的好感度。例如生活科技品牌《JC科技》會在自有品牌商品中加入使用情境影片，使消費者能夠更加了解產品，促使購買機會提升。

五、顧客評價完整呈現

在上架電商賣場、商城時，常會被顧客拿來與其他競爭品牌比較，而價格、購買次數、賣場評價往往成為顧客的選擇依據。同理，當你有品牌官網時，如何讓顧客更相信你的品牌，使他們能夠安心下單？

此時，「顧客評價」便顯得格外重要。如果你的商品頁面有提供過去買家的商品評價，

如「這家店的衣服質感很好」、「他們家的甜點都超好吃」等好口碑，真實呈現顧客實際購買心得，會讓商品頁更具有說服力，讓顧客放心地購買。這是不論電商平台及品牌官網都需注重的關鍵。

前面提到的《TOYSELECT拓伊生活》，其商品頁可讓顧客撰寫商品使用心得，並顯示過去顧客的評論及星數等級，讓猶豫不決的新客能夠信任地購買商品，而SHOPLINE也支援商品評論等相關功能，加強消費者與品牌官網的互動，並且能夠強化對品牌商品的信任感。

圖2.14 《TOYSELECT拓伊生活》在商品頁顯示顧客評價（圖取自其官網）

不論是在商城賣場還是品牌官網，一個好的商品頁面必須能在內容中回答消費者購買時所需的資訊，快速引導他們下單、結帳，才能順利的帶來訂單。掌握好上述五大優化要素來強化商品頁面，減少顧客造訪你的網站後立馬跳出的頻率，便有機會持續提高你的網站轉換率。

第2章　註解

1 https://www.ipsos.com/en-us/news-polls/Most-Americans-Say-That-the-Design-of-a-Products-Packaging-Often-Influences-Their-Purchase-Decisions

2 https://www.sciencedirect.com/science/article/pii/S2405844019312927

3 https://www.salsify.com/hubfs/2019_Consumer_Research_Report_Salsify.pdf

4 https://www.emarketer.com/chart/218145/product-det A —l-page-features-that-influential-us-smartphone-owners-digital-purchase-decisions-march-2018-of-respondents

常見問題與迷思

Q 剛開始經營品牌，製作好的商品包裝會不會很花錢？有什麼樣的替代方案能夠選擇？

A 在經營初期，針對商品做客製化的包裝通常會需要花一大筆預算，加上要達到一定的製作量，對品牌來說需要審慎考量。建議品牌透過「公版包裝＋創意小巧思」來達到相同效果。舉例來說，坊間在販售各式大小、樣式的公版紙盒、紙袋等，品牌可以印製品牌風格的貼紙、小卡貼在紙盒、紙袋上，加上一些線材、防撞氣泡紙等妥善保護商品的包裝，一樣能營造兼具實用及美感的品牌包裝。亦或是印製卡片，加上顧客的署名撰寫感謝小卡，讓他們感受到品牌的用心，也是一種不錯的做法。

Q 如果品牌現階段沒有設計專業的人才，應該要聘請一個設計人員，或是找尋外包？

A 若你的品牌平常沒有需要大量製作電子刊物、輸出物、修圖等業務，而是針對活動檔期而有設計需求時，建議可以嘗試先找外包夥伴配合。在合作一、兩次後，確認對方的風格符合品牌的需求並有共識時，便可以洽談固定設計合作，相對溝通成本也會降低一些。

當然，倘若你的生意規模擴大、預算也足夠時，建議就聘請專職負責自家品牌設計的人員，可以大幅降低溝通成本，也更能維持一致的品牌調性及產出。

第 3 章

為品牌官網導入流量

經營電商不外乎是：人進得來，貨才賣得出去。一個網站沒有流量，就別提創造銷量了。然而，流量來源百百種，哪種來源才是優質客群？我們又該經營哪些管道呢？本章將帶你了解如何為官網導入具有「轉換價值」的精準流量。

TRAFFIC

09

如何讓原有平台顧客轉移到品牌官網？

四步驟有效轉移平台顧客，為品牌官網注入新能量

看完前兩章之後，想必你已著手建立屬於自己的品牌官網。此時，你可能會對於過去在商城賣場（如蝦皮、PChome等）的流量耿耿於懷。其實這些過往累積的成果想要一起「搬家」，並非如你想像中的困難。運用本節傳授的四個步驟，不只有助於把平台累積起來的顧客轉移到品牌官網，更有為網站導入流量、提高品牌知名度等效益。

將商城賣場的顧客轉移到官網

過往在商城賣場上賣東西，流量雖大卻無法取得顧客詳細資料，更無法分析品牌的受眾輪廓。在破碎化市場中，如果缺少與受眾精準溝通的武器，會不利於品牌長期的經營。

因此當你有了品牌官網後，首要任務便是將過去在商城賣場中的顧客，轉移到品牌新官

網。你仍然可以同時持續經營原有的商城賣場，但建議將經營重心陸續轉移到官網。實戰上可以根據以下四個步驟來轉移原有顧客。

步驟一、完善品牌官網商品，建立顧客的品牌意識

做品牌的目的之一，就是讓顧客對於品牌產生忠誠度，一旦顧客的品牌意識建立起來，自然會持續追蹤品牌。所以轉移顧客的第一步，就是完善品牌官網的內容，讓他們習慣且喜歡來逛官網。以下三點為其必要的操作：

- 完整的商品分類架構，從主要分類到次要分類需明確。
- 提供清楚、明確的商品照片、商品敘述。
- 在網站中詳細介紹品牌故事、品牌理念等。

完善品牌官網的內容，使顧客能夠發現到品牌官網有別於商城賣場的資訊完整性，同時也會讓多數顧客感受到品牌的進步，將品牌意識滲透到顧客心中。

步驟二、於各管道宣傳品牌官網

如果你有經營粉絲團、社團等社群平台，可以利用社群貼文來公告品牌官網的上線消息，同時也可以於賣場中的商店簡介中放上官網的資訊，結合官網活動、提高消費者加入會員的機會，進而鼓勵他們到品牌官網下單。

也可以在原有賣場的訂單中，把品牌官網的資訊以QR碼製作成卡片等形式，附在出貨商品的包裹中，讓收到包裹的顧客可以從中得到消息。

步驟三、在品牌官網上提供誘因、吸引下單

提供誘因是最直接有效的導流方法，明白告訴顧客他們到品牌官網消費有什麼好處。你可以針對原有的商城賣場規劃相關活動，例如：

- **舊平台顧客回饋**：出示曾於賣場購買之證明即可獲得折扣碼。
- **新顧客加入禮**：新加入的會員可拿加入禮，第一次下單還有首購禮。
- **限時點數回饋**：官網新上線期間，下單消費可額外獲得會員點數或紅利點數。

提供誘因不只能為品牌官網製造行銷話題、累積新客，同時也讓原平台的舊客有動機轉移到新的品牌官網。

步驟四、官網為主、平台為輔，滿足各通路的顧客

即使你提供顧客轉移到品牌官網的優惠內容，顧客還是有可能不積極。這時如果直接關閉賣場可能會流失訂單，建議你仍然可以保留原本的賣場，並同步宣傳品牌官網。待顧客逐漸轉移後，再依據品牌本身的營運資金，決定原有商城賣場的留存，或是轉變平台商店的營運方向。

以網路人氣３Ｃ店家《ＪＣ科技》為例，其創辦人Jimmy便是從大學時期透過

圖3.1 將賣場顧客轉移至品牌官網的四大步驟

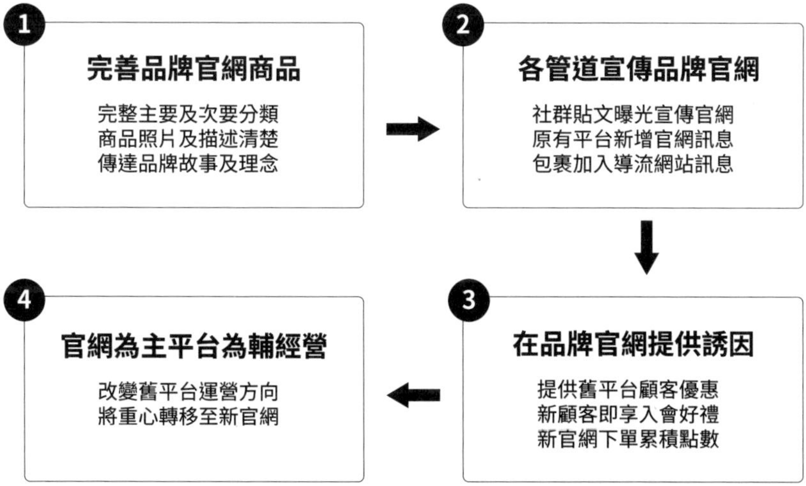
1
完善品牌官網商品
完整主要及次要分類
商品照片及描述清楚
傳達品牌故事及理念
2
各管道宣傳品牌官網
社群貼文曝光宣傳官網
原有平台新增官網訊息
包裹加入導流網站訊息
3
在品牌官網提供誘因
提供舊平台顧客優惠
新顧客即享入會好禮
新官網下單累積點數
4
官網為主平台為輔經營
改變舊平台運營方向
將重心轉移至新官網

圖3.2 JC科技在出貨用的紙箱及內附小卡加上導流網站的QR碼

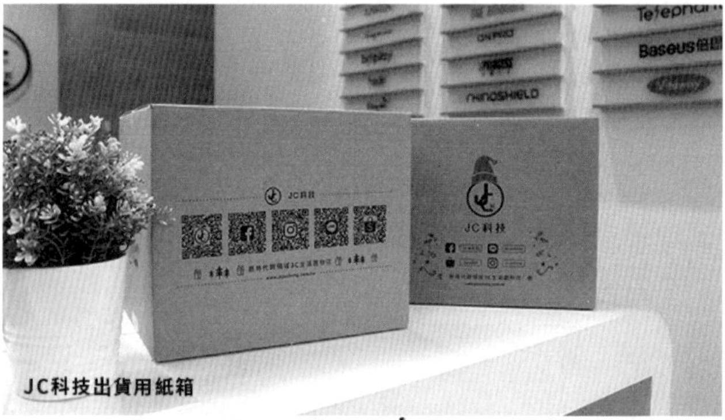

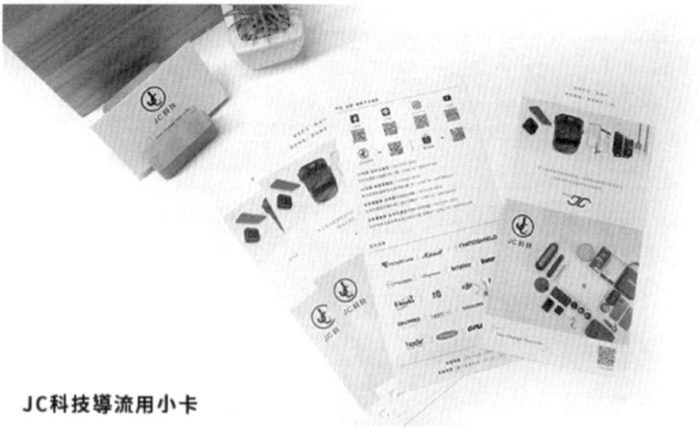

賣場平台賣東西，一點一滴的累積賣場評價。待銷售穩定後，便決定在SHOPLINE建立品牌電商官網。

在轉移顧客的過程中，他們於賣場中舉辦促銷活動，吸引顧客下單，並將官網QR碼印在紙箱上來導流，同時在每次出貨時附上印有折扣碼的附贈小卡，等到顧客收到商品後，便有機會掃碼到品牌官網購買商品。

前後《JC科技》花了近半年的時間，累積品牌官網的會員及提升營業額。與此同時，由於原有賣場無法設定廣告成效追蹤碼，因此他們將廣告導流的重心轉往品牌官網，並改變賣場的營運方針，將其定位在銷售導向的管道，輔助主力的品牌官網。

兩種為品牌官網注入新流量的方式

除了將原有賣場顧客轉移到品牌官網中，為品牌官網注入新的流量也相當重要，而網站流量大致上分為「免費流量」及「付費流量」。

「免費流量」即為品牌不需負擔任何費用，就能使消費者進入網站之流量，其中最常見獲取免費流量的方式，就是透過搜尋引擎優化（Search Engine Optimization，以下簡稱SEO）來提高網站排名，增加顧客點擊網站的機會；或是透過社群平台、其他網站分享等導入流量。

免費流量需要持續經營網站的內容及時間的醞釀才能讓發揮效果，鮮少有立即見效的方式。

「付費流量」則為負擔費用，但能立即獲取即時的流量，最常見的方式就是數位廣告投遞。但投遞廣告的成本考量相對較高，因此需要完整的策略規劃，才能為品牌有效管控預算，將消費者引導到新落成的官網中消費。

針對上述兩種獲得流量的方式，後續章節會詳細說明品牌官網可以操作的方向及建議，並提供實際案例給各位參考。

10 如何透過內容行銷導入流量？

利用PDCA打造內容行銷策略，吸引品牌受眾精準引流

在過去，擁有好「產品」就容易賣得出去，但現在，單有好產品卻少了好「內容」與顧客溝通，勢必會面臨產品賣不動的窘境，這正是現今品牌都該去重視的事。

前一節提到想要為品牌官網注入流量，可透過免費及付費的方式，但不論是哪一種，品牌都會需要產製與消費者溝通的「內容」。因此內容行銷顯得格外重要，但很多品牌時常會遇到想做卻不知從何下手的情況。其實賣家們只要評估自己的人力及預算，擬定一個行銷策略，就能夠讓品牌官網內容在線上發酵，帶來意想不到的效果。

內容行銷主要在於「創造內容價值去吸引受眾，促成他們行動」，其形式非常多元（如圖3.3），從品牌故事、商品分類、部落格、資訊圖表等族繁不及備載。若要把這些內容形式轉化成行銷資源，應用在品牌官網的經營上，打造一個「內容行銷策略」將是至關重要的一環。

圖3.3 內容行銷形式種類示意圖

用PDCA擬定內容行銷策略

品牌想要擬定一個內容行銷策略，其實可借用美國知名管理學家愛德華茲·戴明（Edwards Deming）所提出的PDCA循環（PDCA Cycle），透過計畫（Plan）、執行（Do）、檢視（Check）、行動（Act）四個步驟逐步打造內容策略。

計畫（Plan）：確認受眾及內容形式

首先在計劃內容行銷策略時，可先釐清下列三個問題：

- 你的受眾輪廓為何？
- 受眾購買商品的目的為何（能解決他們什麼需求）？
- 你的獨特賣點是什麼？

這些問題的答案，都可透過品牌官網收集顧客數據來釐清，分析統整後便可描繪出品牌的受眾輪廓。我們以豬肉乾品牌舉例，將範例製成表格做為參考（表3.1），各位賣家亦可將自己品牌的結果填入表格中，甚至加入其他欄位（如族群職業別、興趣等）。此外，品牌可以評估現有預算，進行市場調查、問卷填寫、甚至使用社群聆聽工具，來描繪出品牌精準的受眾輪廓。

執行（Do）：內容產製及宣傳

內容的發想及產製，需要品牌對於自身產業知識的了解，以及行銷團隊的創意發想，搭配數位工具的輔助，就有辦法產出有趣又具傳散度的好內容。

以上述的肉乾品牌為例，如果今天行銷目的

◎表3.1 豬肉品牌受眾輪廓、購買目的及商品賣點示意

品項	受眾性別	受眾年齡	購買用途	商品賣點
切片豬肉乾（小包裝）	男 55% 女 45%	30-35 歲最多 36-40 歲次之	當零嘴	特殊烘乾方式，保留肉質原味
金錢雞肉乾	男 50% 女 50%	25-30 歲最多 30-35 歲次之	當零嘴	肉質厚實，獨立小包裝
切片豬肉乾（禮盒）	女 64% 男 36%	46-50 歲最多 36-40 歲次之	當伴手禮	禮盒精美包裝有別於市面競品

為「推廣小包裝切片豬肉乾」，就可配合「計畫」中整理的表格（見表3.1），從中發現購買族群多以三十～三十五歲男性為大宗，主要買來當零嘴。這些消費者的年齡層可能為職場上班族，就可以發想適合他們的行銷主題，如拍攝職場為題材的影片，或是撰寫小資族推薦零食的文章，藉此吸引他們的注意力。

檢視（Check）：檢視內容成效

當內容發布後，賣家們可以透過Google分析（Google Analytics）來檢視成效，找出能為品牌官網帶來更多流量及訂單轉換的內容形式及主題。舉例來說，品牌在發送促銷電子報時，可以製作兩種形式的內容，經由A／B測試後的結果，找到多數受眾喜愛的形式。或是撰寫不同主題的文章，曝光給同一個族群受眾觀看，確認哪種主題類型更具有導購效益，來強化該主題的內容佈局。

行動（Act）：後續內容優化

透過品牌官網的後台數據檢視來優化後續的內容，可以再一次的提升品牌內容深度與廣度，讓更多消費者透過「好的內容」來認識你的品牌。賣家們可以善用品牌官網能蒐集數據

圖3.4 透過PDCA擬定內容行銷策略

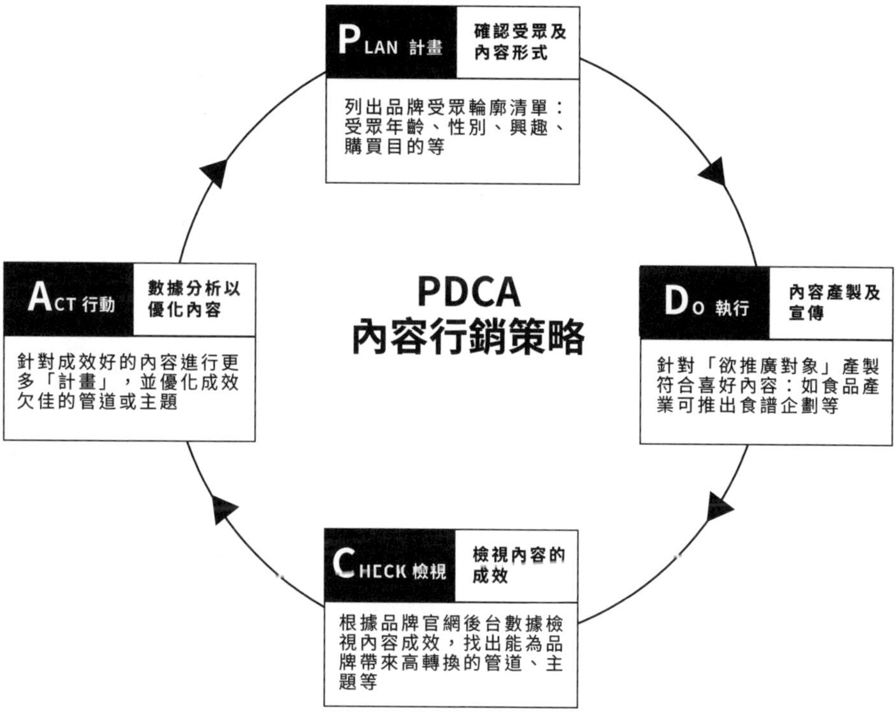
PLAN 計畫
確認受眾及內容形式
列出品牌受眾輪廓清單：受眾年齡、性別、興趣、購買目的等
DO 執行
內容產製及宣傳
針對「欲推廣對象」產製符合喜好內容：如食品產業可推出食譜企劃等
CHECK 檢視
檢視內容的成效
根據品牌官網後台數據檢視內容成效，找出能為品牌帶來高轉換的管道、主題等
ACT 行動
數據分析以優化內容
針對成效好的內容進行更多「計畫」，並優化成效欠佳的管道或主題
PDCA
內容行銷策略

的優勢，查看不同商品描述呈現的轉換差異，將效果差的商品頁面進行優化，以提升網站整體內容品質，獲得更多訂單的轉換。

根據PDCA來擬定內容行銷策略（圖3.4），不僅能讓賣家清楚了解行銷的目的及內容形式，同時在後續內容的優化上也能透過數據佐證得到明確的方向，為品牌官網賺取更多自然搜尋流量，創造更多品牌曝光的機會。

11 如何透過SEO獲得免費流量？

照做SEO優化七大步驟，讓網站衝上搜尋結果第一名

當你的品牌開始經營內容後，透過搜尋引擎優化（SEO）來提高內容曝光及網站權重，便是獲得免費流量的好方法。近年SEO已受到各人品牌重視，底下就是讓品牌官網做好SEO的各種關鍵。

SEO與搜尋引擎的演算法

SEO主要是指：透過網站優化，讓消費者在搜尋與品牌相關的關鍵字時，能夠找到你的網站。這同時也是經營品牌官網與商城賣場之間的一大差異——依附在商城賣場運營，會讓你較難進行SEO來競爭搜尋結果的排名；自主掌控的品牌官網，則能夠針對搜尋引擎的演算法喜好來進行優化，進而提升網站排名曝光。

既然演算法與SEO關係密不可分，那搞懂演算法的喜好便成為優化關鍵。坊間品牌多針對Google的演算法為主做優化（因Google是全球最大的搜尋引擎），因此我們先從分析近年Google演算法的更新歷程，以及當中各演算法所著重的重點為何（見圖3.5），做為理解SEO優化要訣的一環。

儘管Google搜尋引擎中的每種演算法各司其職，但不難發現多數演算法都與「網站內容品質」有關，反應出Google對於內容的重視度。因此當你的品牌官網有良好內容時，搜尋引擎就會幫你創造更多曝光機會，為官網導入更多的流量。

品牌官網SEO優化六大項目

除了產出好內容來滿足演算法喜好，Google也透露過一些演算法會注重的細部元素，都有助於提升網站的搜尋排名。以下整理出六個跟網站有關的SEO優化項目，大多屬於HTML程式語言類，讓初建官網的賣家們可有優化的方向參考。

HTML是用來架構及呈現網站內容的程式語言，也是建置網頁內容的基礎要素。賣家們只要在任何網站點擊滑鼠右鍵，選擇「檢視網站原始碼」，即可瀏覽該網站的HTML碼。

在開始優化之前，建議賣家們先設置好官網的「網站管理員」（Search Console），它就

圖3.5 近年Google演算法更新及其簡介（2011～2018）

2011

熊貓演算法（Panda）

主要針對網站「內容」進行審查，對重複性內容（如內容農場抄襲）、關鍵字濫用、垃圾訊息等低品質網站進行懲處，降低其搜尋曝光

2012

企鵝演算法（Penguin）

主要針對網站「反向連結」進行審查，注重連結品質及檢查詭異的外部連結與錨定文字，防止進行黑帽 SEO（即為用不合搜尋引擎喜好的方式爭取排名，如置入無關緊要的網站連結）

2012

海盜演算法（DMCA Penalty（Pirate））

主要針對網站內容檢查「侵犯版權與盜版」的行為，注重內容的原創性，對具有版權侵害及有轉載疑慮的網站進行懲處，降低其網站排名

2013

蜂鳥演算法（Hummingbird）

主要檢查網站「低品質內容及關鍵字濫用」問題，透過 Knowledge Graph 提升搜尋體驗，著重使用者的搜尋意圖

2014

鴿子演算法（Pigeon）

主要與品牌「在地商家（如 Google 我的商家）及在地搜尋」有關，著重使用者所在地點與網站、商家排名的關聯，讓各地使用者更容易搜尋到所在資訊

2015

行動裝置優先演算法（Mobile）

主要確認網站是對「行動裝置瀏覽友善」，並針對網站的行動體驗進行檢查，對於網站是否有 RWD (響應式網頁設計)、行動裝置相容性等影響甚大

2015

Rankbrain 演算法

主要導入機器學習來了解每個使用者搜尋意圖（蜂鳥演算法導入機器學習），強化使用者搜尋意圖判斷，便針對「低品質內容」進行懲處，降低其網站排名

2016

負鼠演算法（Possum）

主要讓「本地搜尋的結果」更加準確，輸入商家名稱，更容易產出商家資訊與商品

2017

佛萊德演算法（Fred）

主要針對「低內容的品質網頁」（內容農場、過多廣告版位的網站）進行審查，提供更好的使用者搜尋體驗

2018

核心演算法（Broad Core Algorithm Update）

主要以 E-A-T 原則 (網站內容的專業性、權威性、可信度) 來調整網站排名，注重「內容質量、原創性」

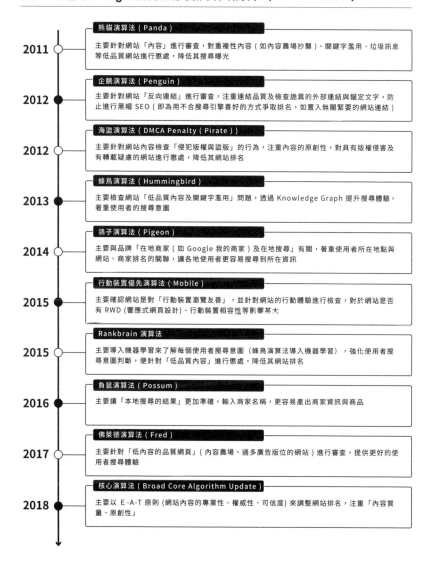

像網站與Google之間的傳聲筒，藉由它告知Google你網站的「狀況」，同時它也能夠回傳網站問題，是進行SEO優化的重要工具。

一、頁面標題（Title）

會出現在搜尋結果頁面中（如圖3.6），是吸引顧客點擊品牌官網的重要因素之一。優化方向為：

一、標題長度在二十五個中文字以內，盡量避免特殊符號。

二、關鍵字越早出現越佳，勿超過三個重複關鍵字。

三、內容需對應各自種類標題，如首頁標題是「品牌名＋品牌Slogan」，商品頁標題則是「商品品／規格＋品牌名」。

二、中繼說明（Meta description）

會出現在搜尋結果頁面中（如圖3.6），其描述需與進入頁面內容有高度關聯，讓顧客可一目瞭然重點。優化方向為：

一、可置入二～三個關鍵字，並保持語意通順。

二、每個頁面不要使用同一組中繼說明，以減少重複性內容問題。

三、字數在一百～一百五十個中文字，勿超過三個重複關鍵字。

三、友善網址

會出現在搜尋結果頁面中（如圖3.6），為該頁面的網址，即為方便搜尋引擎檢索的網址。

優化方向為：

一、網址階層簡潔。建議網站分頁為三～五層內，且分層要明確。

二、符合該頁內容。以品牌電商官網為例，商品頁可以用「/products」、分類頁可以用「/categories」、部落格可以用「/blog」等。

三、建議使用英文小寫。因為使用中文網址時，會在分享網址時變成轉碼網址，降低使用者體驗。

圖3.6 頁面標題、中繼說明及友善網址都會出現在搜尋結果頁面中，SHOPLINE後台也可同時設定這些項目

四、H標籤

H標籤常用來作為網站的各式「標題」，可為網站內容規劃出架構層級，讓Google更容易閱讀你的網站。優化方向為：

一、H標籤請依序使用<h1>到<h6>。

二、勿過度使用H標籤，且避免將所有內容放在同一個H標籤裡。

三、H標籤字體大小以「預設」為主，較不影響搜尋引擎判斷內容結構。

五、圖片SEO

圖片最重要部分為ALT屬性設定，能夠增加網站被搜尋到的機會，在「圖片搜尋」

圖3.7 設定標題（H標籤）能讓網站更有層次感，目前SHOPLINE開放客戶使用H1標籤（H2以後須自行以HTML語法置入）

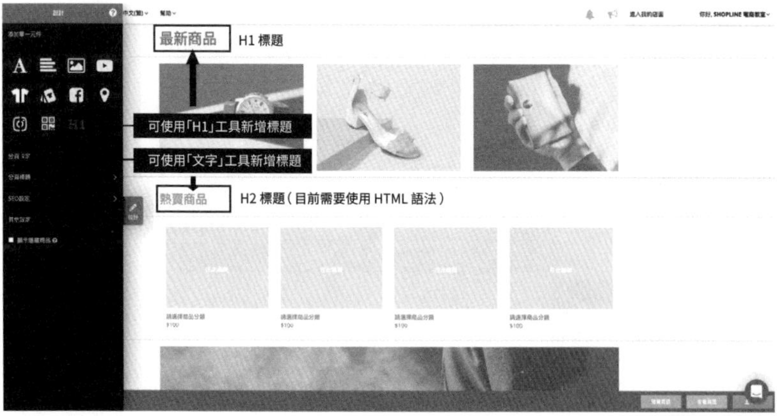

時也能夠提高曝光度。優化方向為：

一、ALT屬性盡量用一句話去完整描述出圖片中的內容。

二、圖片檔案容量不要過大，建議壓縮圖片容量大小。

三、圖片放置位置需與其上下文內容有所關聯。

六、結構化資料

結構化資料是在HTML中加入方便Google辨識的標籤，會以不同呈現方式在複合式摘要（Rich Snippets）中出現。一般來說，結構化資料的設定需要透過程式語法調整，所以賣家若沒有相關專業人員的編制，其網

圖3.8 設定圖片的ALT屬性能強化頁面被搜尋到的機會。SHOPLINE後台可增加圖片的連結及ALT屬性

站就時常會缺少結構化資料的設定。

以智慧開店平台SHOPLINE為例，在商店中的每個商品頁面，都已經自動導入結構化資料，能夠讓搜尋引擎抓到「商品名稱、商品描述、商品價格、供貨狀況」等，藉此提高品牌官網的SEO分數。

綜合以上，我們將此六大項目統整成一張清單（圖3.10）。若是自建網站，這些項目需要由工程師來設定；商城賣場就更不用說了，個別賣家無法突破系統限制來設定自己賣場的SEO。好的開店平台有豐富的後台功能，在這方面可以帶來不少幫助。

除此之外，SEO優化涵蓋的層面還有很多，如SSL加密、反向連結、行動裝置相容等。近年Google也將網站體驗核心指標——以最大內容繪製（Largest Contentful PAInt，簡稱LCP）、首次輸入延遲時間（First Input Delay，簡稱

圖3.9 SHOPLINE提供品牌官網自動生成結構化資料，並可於搜尋結果中顯示

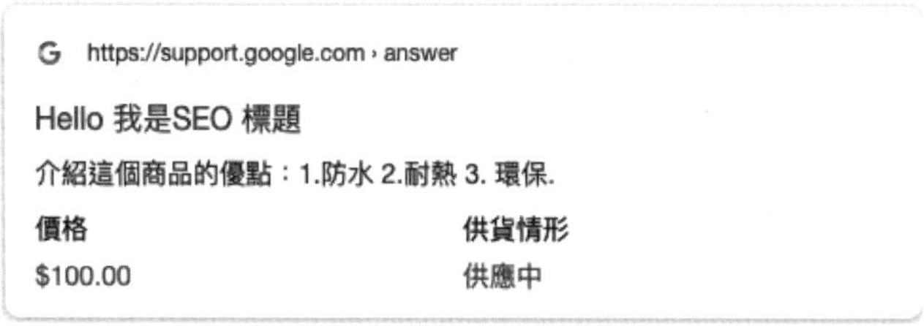

FID）、累計版面配置轉移（Cumulative Layout Shift，簡稱CLS），為首要指標——作為網站排名參考依據。因此維護網站載入速度與效能，也將成為品牌官網優化的方向，品牌需要時刻注意演算法的動態及更新，做好網站基礎的SEO設定，才能獲得更多的免費流量。

圖3.10 品牌官網的SEO優化七步驟，SHOPLINE皆有方便賣家操作的設定欄位

步驟	項目	做法	重點
1	將網站連結網站管理員	連接 Google 網站管理員進行網站認證，詳見官方資訊	► 定期檢視網站管理員回報的問題
2	設定頁面頁面標題	在網頁中加入頁面標題的 HTML 程式碼	► 25 個中文字以內 ► 勿超過 3 個重複關鍵字 ► 內容對應各自種類標題
3	設定頁面中繼說明	在網頁中加入中繼說明的 HTML 程式碼	► 置入關鍵字需維持語意通順 ► 每個頁面不使用相同中繼說明 ► 字數在 100-150 個中文字內
4	設定頁面友善網址	將頁面網址設定成合適好辨識的 URL	► 建議網站分頁為 3-5 層且需明確 ► 符合頁面內容，如商品「/products」 ► 建議可用英文小寫
5	設定內容 H 標籤	對網站內容處進行分段，使用 H1、H2 等 HTML 程式碼	► H 標籤請依序使用 <h1> 到 <h6> ► 勿過度使用 H 標籤 ► H 標籤字體大小以「預設」為主
6	優化網站圖片 SEO	在圖片的 HTML 程式碼中加入「alt」的屬性	► ALT 用一句話描述圖片內容 ► 圖片容量不要過大 ► 圖片位置需與上下文內容有關聯
7	為網站新增結構化資料	在網站中 HTML 加入「schema.org」相關的語法	► 針對不同類型內容設定 ► 可參考 schema.org 網站

12

如何進行廣告投遞以引入大流量？

參考知名網店手法，透過廣告策略提升九〇%的轉換率

品牌官網除了做好內容行銷及SEO外，投遞「廣告」也是一個獲得流量的方式，同時也是帶來潛在消費者的好方法。一般賣家投遞廣告不外乎是想有更多的訂單及流量，本節將整理最常見的兩大廣告投遞平台（Google、Facebook）各自的優勢，並分享SHOPLINE團隊協助品牌店家投遞廣告的經驗與作法，讓你找到最合適的引流方式。

Google Ads廣告的格式及優勢

Google提供多種廣告格式供廣告主選擇，帶來的效果與能達到的目的也不盡相同，可分為搜尋、多媒體聯播網（GDN）、購物、影片、應用程式、智慧型廣告等六種格式。其中電商產業最常投遞的形式，大致上分為「搜尋廣告」、「多媒體聯播網廣告」及「購物廣告」。

詳細廣告格式優勢比較，可參考表3.2。

Google廣告投遞案例：《TOYSELECT拓伊生活》四大廣告策略

《TOYSELECT拓伊生活》近年皆有投遞GDN廣告，在透過SHOPLINE廣告團隊的操盤後，使他們新客獲取率成長二四%，網店轉換率也提升近九〇%，為品牌達到良好宣傳及銷售之效。操盤時主要透過以下四大策略來進行投遞。

策略一、配合活動來設計素材

《TOYSELECT拓伊生活》本身促銷活動就很豐富，因此我們建議為每個活動製作「專屬」廣告素材，再根據產品去投遞給合適的受眾來提高轉換率。例如之前在購物節，就推出與知名網

◎表3.2 電商常見Google廣告形式及優勢

廣告格式	格式呈現	廣告優勢
搜尋廣告	搭配關鍵字投遞文字廣告	與關鍵字匹配，通常顧客已有高動機想購買商品，轉單率高
多媒體聯播網廣告（GDN）	以圖像投遞在超過兩百萬個網站中	可觸及超過 90%的網路使用者，幫助觸及新客
購物廣告	展示官網商品的圖片、價錢、名稱等資訊	直接展示商品樣式與資訊，抓住顧客目光提高點擊意願

圖3.11 《TOYSELECT拓伊生活》會配合活動製作專屬的廣告素材

紅聯名的手機配件折扣活動，另外也善用迪士尼授權圖像去製作商品素材圖，藉此吸引受眾目光。

策略二、善用廣告系統「目標對象管理工具」找出各商品受眾進行分眾

《TOYSELECT拓伊生活》近年走向多元化商品經營，而不同商品品項的受眾勢必不同，因此我們利用Google廣告系統中的「目標對象管理工具」，為商店中每個類型的產品做「不同頁面」的到訪者名單蒐集。

電商網站主要會將追蹤碼埋設在「網站整體」、「加入購物車頁面」、「結帳頁面」三個地方，來蒐集這些頁面的造訪者，進行分眾分群，再透過GDN再行銷廣告指定分眾後的名單來精準投遞廣告。另外，也可以同時搭配廣告受眾的「類似受眾」投遞功能，提高觸及新客的機會。這樣的操作使得《TOYSELECT拓伊生活》新客獲取率成長超過二〇%。

策略三、設定「回應式廣告」來提升投遞效率

由於GDN廣告有超過二十種尺寸，如果每個尺寸規格都得製作素材，肯定會耗費大量時間及人力成本。為了減少投遞廣告的時間成本，我們利用「回應式多媒體廣告」，它只需上傳至少兩張圖片（尺寸為1200 x 1200或1200 x 628），並填寫廣告文字標題、LOGO和文字說明等資料後，廣告系統就會

圖3.12 回應式廣告可以自動生成不同尺寸的廣告素材（此為廣告後台展示圖）

自動產生可在GDN放送的廣告（廣告示意請見圖3.12）。這樣不只可以提昇廣告投遞的效率，也能加速為品牌官網導入流量的效率。

策略四、搭配DRA動態再行銷提高商品轉換

上述提到的自製及回應式廣告的GDN廣告，主要都是將消費者導流到網站中，雖然可以增加流量，但在訂單轉換的力道稍嫌不足。有鑑於此，我們透過DRA（Dynamic Remarketing Ads）動態再行銷廣告來加速「轉單」的成效。

圖3.13 DRA廣告可以投給消費者曾經瀏覽過的商品，並直接導流到商品頁面中加速轉單（此為廣告後台展示圖）

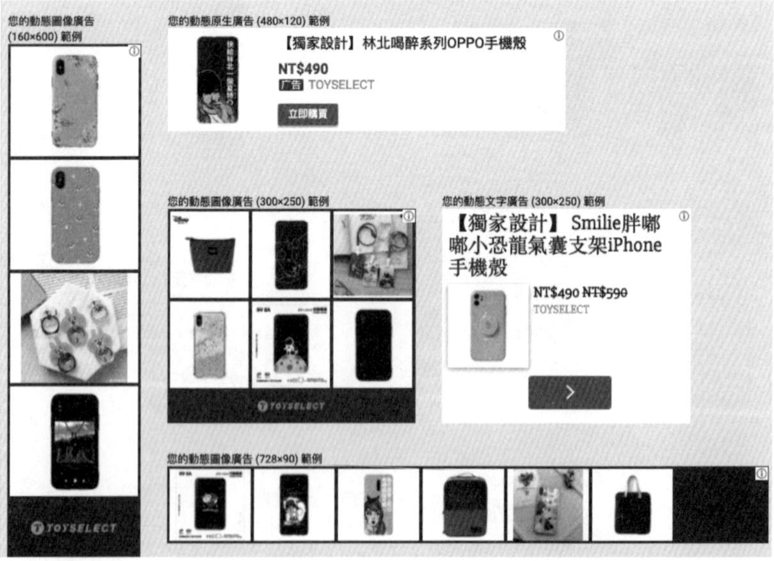

由於DRA廣告可以直接導流到「商品頁面」中，減少消費者在網站跳轉的情況，而且它主要是投遞給「曾經瀏覽過某支商品的消費者」，這些消費者有較高的購買可能性，能夠有效帶來訂單的轉換。經過這樣的操作，使《TOYSELECT拓伊生活》的轉換率提升將近九〇%。

此類型廣告投遞本來需要上傳商品目錄到廣告系統中，但藉由SHOPLINE商品目錄串接技術，可以快速將商品與廣告系統同步，精準投遞給顧客，大幅降低廣告投放的繁複程度。

Facebook廣告的格式及優勢

Facebook的廣告格式雖不像Google那麼多，但圖像、影像、動態廣告內容配合受眾設定的投遞方式（見表3.3），讓廣告不僅能觸及大量的新客，也能創造更多元有趣的素材，提高顧客對品牌的好奇心。

此外，你也可以利用Instagram來投遞廣告，像是限時動態、探索、一般貼文等投遞版位，都能觸及到不一樣的潛在消費者，讓他們知道你的品牌。

◎表 3.3 Facebook廣告格式及優勢

廣告格式	格式呈現	廣告觸及方式	廣告優勢
圖像廣告	此格式各個版位都可以投放	利用乾淨簡潔的格式呈現精彩吸睛的圖像，搭配親近客群的有趣文案，清楚傳達品牌理念與活動推廣內容	最快速簡易地呈現品牌活動與產品，是經營品牌初期最常使用的廣告格式
影像廣告	插播影片、動態消息、限時動態等	動態影像吸引使用者停留觀看，進而產生互動留下資料	用故事性影像內容引導消費者認識品牌，可應用在展示產品、推廣主打活動等
動態廣告	動態產品廣告、輪播廣告、精選輯廣告等	消費者只要瀏覽網站，或是有進一步行為產生，如：加入購物車、放入許願清單等，動態廣告便能自動向對方推廣該產品	最個人化的廣告形式，顯示的會是消費者感興趣的品項，是轉單效果最好的廣告形式

Facebook 廣告投遞案例：《DEER.W》兩大廣告策略

《DEER.W》是以職場、輕奢為主軸打造都會時尚女性的服飾品牌，同時也是SHOPLINE的長期合作夥伴。透過SHOPLINE的協助，讓《DEER.W》的銷售額明顯成長，其中應用了以下兩大策略。

策略一、DPA動態產品廣告精準投遞提高轉換率

由於《DEER.W》主要是透過社群平台來觸及品牌粉絲，配合SHOPLINE串接網店商品目錄到社群的功能，使我們可以快速投遞Facebook DPA（Dynamic Product Ads）動態產品廣告。

DPA廣告與Google的DRA廣告類似，同樣是根據消費者在網站的瀏覽行為紀錄，向他們投遞個人化廣告（如圖3.14），而DPA廣告在投遞初期不僅成功創造高ROAS（Return On Ad Spending，廣告投資報酬率，簡而言之就是「一塊錢廣告費能賺到多少業績」），廣告轉換價值是一般貼文廣告的三倍，點閱率更達七%，明顯提升品牌的轉換率。

圖3.14 《DEER.W》的DPA廣告示意

Deer品牌女裝
贊助
【11.02 NewArrival #優雅通勤新品】
一年四季最愛的秋天來了!
各種通勤都能輕易上手的單品
跟上新品一起搭出優雅日常
新品95折優惠中!!
-
【11.02 優雅通勤系列】...
NEW ARRIVAL
11.02 優雅通勤系列
NEW ARRIVAL
11.02 優雅通勤系列

策略二、SHOPLINE智慧廣告系統應用提高ROAS

另一方面，《DEER.W》也使用了SHOPLINE獨家推出的智慧廣告系統，它是一款透過AI大數據分析的方式，自動為廣告操盤手找到有潛力的熱賣商品的系統，而系統亦可在品牌官網後台直接設定Facebook廣告，少了原先繁複的操作設定，搭配一鍵優化廣告成效功能（見圖3.15），不但節省了廣告人員設定廣告的時間成本，同時也強化了

Facebook廣告的抓單能力。

《DEER.W》在使用智慧廣告系統後，儘管於二〇二〇年面臨新冠肺炎疫情的影響，業績仍逆勢成長二．五倍，ROAS更衝上六，為品牌官網獲得更多流量與轉換。

圖3.15 SHOPLINE智慧廣告系統提供一鍵優化廣告成效及預算的功能

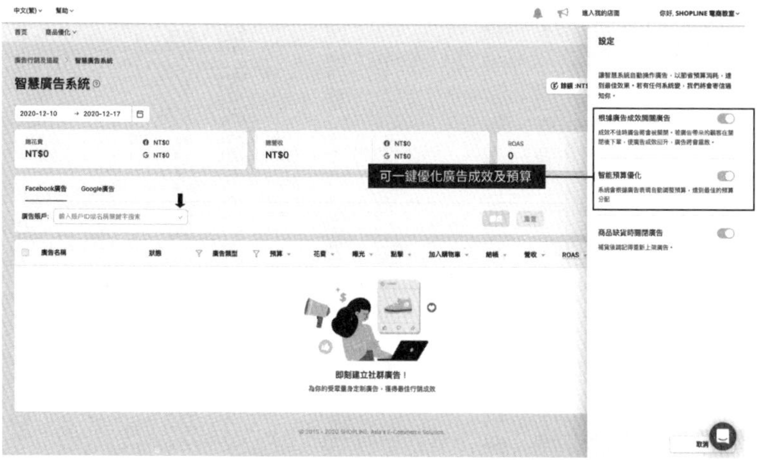

常見問題與迷思

Q 對於初期經營品牌官網，如果沒有足夠的預算投入在廣告投遞，來為網站導流時，有什麼樣的方式能夠提高網站流量？

A 在本書第二章的第九單元有提到「免費流量」及「付費流量」，在沒有足夠預算的前提之下，可以藉由導入免費流量的方式提高網站流量，常見的做法有SEO（搜尋引擎優化）、第三方連結推薦等。

你可以分析品牌受眾常會搜尋的關鍵字，並針對這些關鍵字做內容佈局；或是你可以產製符合品牌產業的內容，投稿至對應的媒體進行第三方導流。但不論用哪種作法，SEO都必須由品牌主用心產製內容來爭取關鍵字排名，而這是一個需要時間醞釀才能看見效果的長期功夫。

Q 在經營品牌官網的SEO時，需要多長時間才能看得到成果？有沒有百分之百能夠提高網站排名的方式？

A 我們主要是針對各種「關鍵字的搜尋排名」做優化，藉此提昇網站的SEO排名。而大多數競爭激烈（亦即搜尋量大）的關鍵字，若想讓你的網站排在搜尋結果的前幾頁，需要相當的操作導流及時間，並且網站內容必須能滿足搜尋者的需求。也有競爭較少的長尾關鍵字，有時佈局內容後，只需要幾天內就能看見優化成果。

不過，做SEO並沒有百分之百能夠提高網站排名的方式，但只要謹記一個重要觀念——把網站內容做好，並配合第十一單元提到的優化項目，就有機會提高網站排名。建構品牌網站時，也建議你多運用結構化資料的呈現（如商品評價、商品金額等都會顯示在搜尋結果中），這樣當消費者搜尋時，會看到你的網站呈現出豐富的搜尋結果，就能提高他們點擊進來的意願。

Q 如果想要經營內容行銷，但礙於現階段人力資源不足，是否有替代方式？

A 內容行銷涉及的範圍非常廣，若人手不足，建議品牌主可以先從網站的內容優化開始著手，像是商品頁面內容、商品分類頁、品牌FAQ等，將資源投入在網站必要的頁面中比較實際。待陸續有人手加入時，再開始規劃長期的內容經營策略。

第4章

從流量轉換為銷售

當品牌累積了流量，「如何變現」便是品牌獲利的重要關鍵。本章將提供促銷活動與官網銷售頁面的促購技巧，使品牌能給予消費者最有感的優惠，助你將官網流量轉為訂單，引領品牌走向獲利之路。

SALES

13

如何跳脫商城賣場常見促銷活動的迷思？

促銷不該只是殺很大，品牌價值需與曝光效益並重

在第三章中提到了為品牌官網導入流量的方式，下一階段就是要將導入的流量轉變成訂單，最直觀且常見的作法便是「優惠促銷」。

不過，雖然折扣是最容易進行的促銷方式之一，在奮不顧身踏入這場價格戰之前，建議各位謹慎思考及檢視品牌的促銷目的。畢竟促銷活動倘若執行欠佳，容易打壞品牌價值，降低消費者對於品牌的價格認知，未來想要再提高售價時，勢必會遇到諸多挑戰。

本章將討論商城賣場常見的促銷迷思，以及賣家應如何透過品牌官網來企劃促銷活動及規劃銷售頁面，讓網站獲得的流量能夠成功轉換成訂單。

商城賣場三大促銷迷思

很多賣家都是從商城賣場開始經營網路生意，或許已習慣平台推出的促銷活動。但在經營品牌上，一味的跟進平台活動可能會陷入三個「迷思」，這些問題的答案往往決定了品牌銷售戰役的結果，是高奏凱歌或兵荒馬亂。以下我們就整理三個在賣場平台容易產生的促銷迷思。

一、平台推出的促銷活動可以幫助業績穩定增長？

進駐過賣場平台的賣家，或多或少都有跟著平台做促銷活動的經驗，甚至為了搶攻市場而推出空前絕後的超殺價格。但你是否想過，跟進平台促銷活動就一定要打折嗎？打折除了增加消費者購買機會，能為品牌帶來額外的效益嗎？

多數賣場平台常會強制品牌要提供一個「活動價格」，或是吸引目光的折扣。雖然這樣能夠為你賺取曝光，但當類似活動過於頻繁，商品價格長期維持在折扣價時，便會遇到下列兩種情況：

- 品牌業績雖然上升，但因訂單數變多，人力成本也上升，使利潤空間縮小。
- 品牌雖獲得較多平台曝光，但容易造成消費者因便宜而買，忠誠度降低。

當品牌參與促銷活動的次數過於頻繁，會使消費者對於品牌認知「定型」（圖4.1的灰色區塊時期），導致消費者認為品牌商品的價格較低，常會等你更便宜的時候再買。此外，若是某日品牌不跟進平台活動，曝光一下降，在品牌忠誠度不高的狀況時，銷售業績可能也會下降。

因此，當你在評估是否參與平台促銷活動時，可先找到「損益轉換的評估點」，既要賺取品牌曝光的機會，又不至於使品牌掉價，對於未來品牌經營才有幫助。

所以轉移至品牌官網的賣家，

圖4.1 參與平台促銷各指標量級隨參與次數變化預測圖

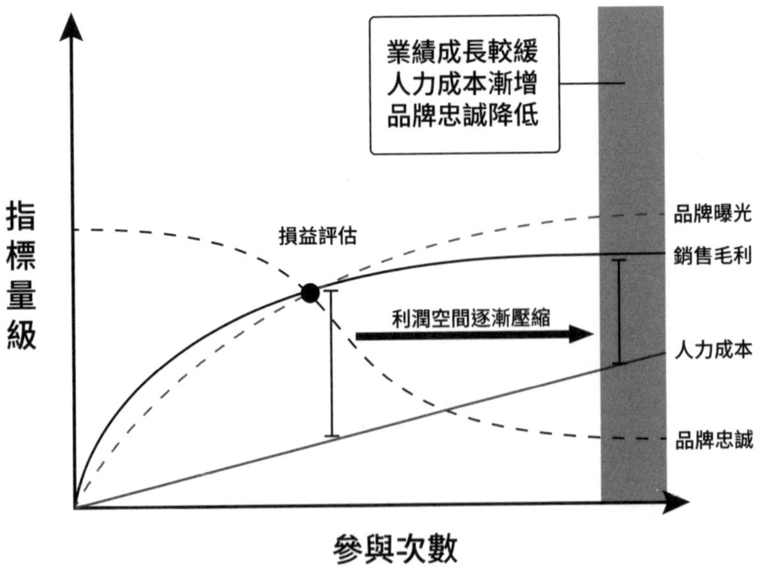

若想要曝光品牌，不用侷限於過去平台舉辦的促銷活動，而是可以透過品牌官網打造獨有的優惠活動並搭配行銷包裝。這不僅能塑造出品牌形象，也能依據檔期活動自訂優惠期限、優惠價格，將更多活動資源投入在「會員經營」上，透過培養會員忠誠度，創造持續回購，提高他們對於品牌商品的價格定位，未來甚至不用促銷也能穩定獲得訂單。

二、搶平台頭版花大把預算值得嗎？

「我的商品到底是本來就有許多人願意掏錢購買，還是因為平台頭版廣告版位加上促銷活動效應，而帶來更多訂單？」

這是許多進駐賣場平台的賣家揮之不去的疑問。雖說造訪平台的流量龐大，你仍需跟著平台購買套餐活動版位來增加曝光，才有機會讓更多平台顧客看見你的商品。但能曝光的頭版就只有區區幾個位置，想要搶占風采，除了荷包要夠深，你還得有與平台ＰＭ交涉的能力，否則好的版位早已被大品牌預定。

如果你的預算有限，就該考慮花錢搶頭版所創造的訂單，在扣除成本後是否還有獲利，再決定要不要這樣做曝光。相較之下，品牌官網則鮮少有類似問題，不僅能透過其他廣告管道導入顧客流量，更能掌握自有顧客進行再行銷活動，不用被平台流量牽著走，能夠掌握屬於品牌自己的曝光策略。

三、在平台做商品促銷就是品牌行銷了？

你可能曾經在平台賣場上遇到過類似的問題：「只要打折、用市場最低價格來吸引消費者，就是品牌行銷了。」但這樣真的有達到品牌行銷的效益嗎？

行銷本是傳遞、溝通甚至是創造「價值」給消費者，而價值不僅包含了商品本身，同時還有品牌的認知在其中。慣用低價促銷，只是讓消費者獲得了商品；如果他們對品牌沒有任何情感，很容易因為價格波動而流失。

長久透過壓低利潤空間所換取的顧客，終身價值相對較低。況且，「市場最低價」並不是一個品牌的優勢，只要今天其他競品賠本殺出，低價反而成為你的劣勢，大家很容易陷入價格競爭的惡性循環，想當然耳這不是好的品牌行銷。

想確實行銷品牌，手法不限於舉辦活動促銷，經營內容、培養會員到數據優化，其實都屬於品牌行銷的一環。平台雖然有其優勢存在，但在經營品牌行銷上卻容易面臨許多困難，品牌官網則有更大的彈性。隨後單元會介紹促銷的各種玩法，第五章會聚焦在品牌經營的方式，讓你可以明確達到品牌行銷的目的，成功從賣場經營轉移到品牌經營。

14

如何用六種促銷手法獲得轉換？

釐清促銷目標，精準選擇最佳促銷方式

既然跳脫了賣場平台，品牌電商官網該如何舉辦促銷活動衝高業績呢？根據SHOPLINE在二〇二一年網路開店白皮書中所提到（見圖4.2），各項優惠方式中以「免運」優惠活動最受顧客歡迎（佔整體店家使用數量五八％），其次是贈品（一八％）、打折（一四％）等。

但這並不代表品牌每次在做促銷活動時，只要使用這些方式就能成為「銷售萬靈丹」。品牌應該要先釐清「促銷的目標」為何，是期望增加多少金額的業績、減少庫存量，還是響應購物節慶氛圍來增加消費者買氣？

釐清促銷目標找出最佳促銷方式

促銷優惠對消費者來說是一種「獎勵」，但面對形形色色的消費者，沒有一種優惠攻勢能夠打動所有人。因此一開始若能替促銷活動設定出「目標」，便能夠更有效率的選擇出適合的促銷手法來和你的消費者溝通。以下整理出品牌店家舉辦促銷活動的常見目標：

- **提高曝光**：品牌官網剛上線需要提高曝光，常使用開幕

圖4.2　品牌賣家常用行銷手法佔比
（資料來自SHOPLINE 2021網路開店白皮書）

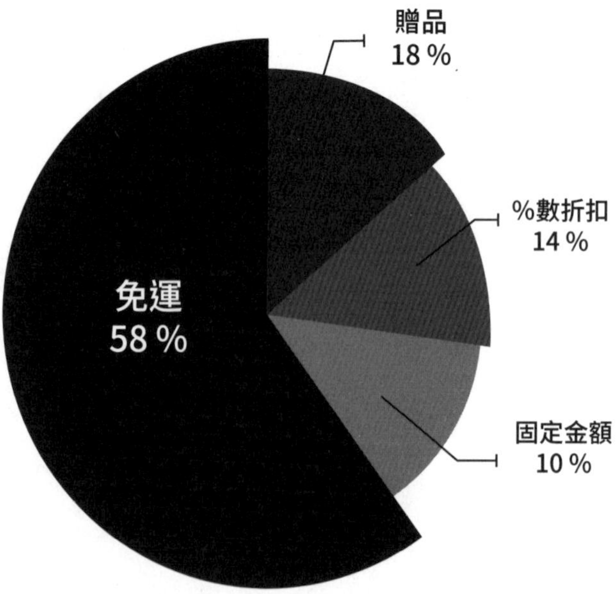

禮、開幕折扣等促銷方式。或是舉辦活動的預熱期，也常以發放限時使用優惠券來吸引消費者，提高品牌官網曝光成效。

- **新品上市**：和提高曝光的概念類似，替剛問世的商品打響知名度，常利用新品低折扣、新品預購打折的方式，來吸引消費者的關注和購買。
- **增加訂單**：這是電商最常設定的促銷目標，透過降低獲利空間來獲得訂單。通常會設定各式的優惠條件，讓消費者需滿足條件才能享折扣（如滿千折百）。
- **增加會員**：龐大的會員基數，可以幫助賣家創造再行銷的機會及培養忠實粉絲，因此常見的做法有舊客推新客享回饋、新客入會禮、首購禮等。
- **清理庫存**：將商品變現以減低庫存壓力，以大折扣促銷活動來出清，是品牌常用的手法。

確立好促銷活動的「目標」之後，便能在活動後衡量其成效。建議你可以設立階段性目標：新品牌上線時，可先設定「增加會員」為首要促銷活動目標；到達一定的粉絲數量後，再以「增加訂單」為目標進行優惠；遇到滯銷品造成庫存壓力時，也能大幅讓利給消費者，以超高折扣優惠舉辦清倉促銷活動。

電商常見的另五種促銷方法

除了前述最受歡迎的免運費促銷，底下再分別針對賣家常用的另五種促銷手法做分析，幫助各位配合不同促銷目的做彈性搭配，獲得更多轉換。

一、現金／購物金折扣

透過商品降價來吸引購買，可使用「百分比折扣」，如全館五折、兩件七五折等；「現金／購物金折扣」則是消費滿額後，消費者可獲得一定金額的折抵，如滿三千送三百、全館消費現折一百等。購物金還能搭配會員系統來發放，限制會員下次才能用，提高再行銷的機會。

但謹記，發放購物金都算是「成本」，因此在資金控管上務必明確記錄購物金的發放總額，並且要設定使用期限，才能有所警覺，避免獲利空間壓縮。

二、優惠券／優惠代碼

透過使用優惠券加速顧客轉換下單，如「購物折抵一百元」的優惠券，可大幅增加消費者回購的動機。在優惠券設定上，建議以「限定折扣品項」、「限定使用條件」為主，減少訂單集中在單一熱賣品項上；亦可秉持著「折扣優惠少可適用全館，折扣優惠多僅適用某款」的原則，來規劃優惠代碼的使用。

三、贈送禮品／試用品

讓消費者獲得贈品和試用品，不只可以幫助品牌消化庫存，同時也給了消費者更多嘗試品牌其他產品的機會。而「免費商品」這項誘因，除了能夠增加買氣之外，也能讓顧客得到好感。

在行銷設定上，可視贈品成本來決定是否增加贈送門檻。至於試用品可視為行銷成本，當成新品發售預熱的宣傳支援，附在每個包裹中，增加消費者購買後來推出的新品的機會。

四、捆綁銷售

將商品搭配成一個套餐來銷售，通常會以暢銷商品帶動滯銷商品來做促銷組合，或是利用組合優惠的方式刺激消費者購買。常見的操作方式包括：

- **以熱銷帶動滯銷**：將熱賣商品與銷售表現不如預期的商品一起販售，並給予一定的折數或折扣，幫助滯銷商品賣出。例如新品鞋款與舊款運動襪款綑綁販售。

- **熱賣商品組合價**：將熱賣的多種商品組合推出折扣組合價，降低利潤空間來提高銷量。例如明星化妝水與明星保濕乳。
- **關聯性商品組合**：將關聯性商品相互搭配，給予顧客購買A商品就會需要B商品的暗示。例如被套與枕頭套綁成一組寢具組販售。

五、會員點數累積回饋

會員點數的操作，可以透過舊會員推薦新會員取得，並將其作為會員消費的回饋。像是推薦好友並註冊會員，老會員可拿一百元、新會員可拿五百元禮券等促銷方式。另外其他常見的提高會員數手法，例如以消費者滿額贈一〇%的回饋點數，用於兌換其他好禮，來提高消費者購買頻率。此類促銷方式有助於整體會員經營的成效，適合品牌官網經營使用。

上述常見的促銷活動操作項目，全球智慧開店平台SHOPLINE皆具有相對應的功能，來滿足不同賣家的促銷目標。而一旦釐清目標、理解促銷手法後，接下來就要進入正題，真正去擬定促銷活動企劃，讓它成為品牌提升業績、增加知名度的利器。

15 如何用企劃三階段來規劃促銷活動？

掌握活動三階段「前置、內容規劃、曝光」要點，商品賣爆不是夢

想規劃一檔電商促銷活動，訂定活動目標乃是關鍵，而確定好目標後，隨之而來的就是促銷活動的內容規劃。以SHOPLINE團隊的觀察，品牌大致上常以「前、中、後」三個階段打造活動，各階段都有需要掌握的要點，以確保推出的活動能順利達成所設定的目標。底下我們整理出三階段各自的重點摘要，讓你能順利完成一檔活動規劃。

活動企劃前期：完善前置作業

品牌舉辦促銷活動時，首要的核心宗旨是：避免產生消費者的客訴與抱怨。因此賣家需要與消費者約法三章，將活動規則說明清楚——哪些商品做促銷、優惠券使用期限與可使用的範圍為何、補助金額是否有上限等，都需在活動辦法中詳列，以避免糾紛。

另一方面，品牌需考量到促銷時可能伴隨訂單、流量暴增的狀況，因此要確認下列事項：

- 檢查品牌官網中每個促銷品項，庫存數量是否充足、促銷價格設定正確。
- 實測消費者購物流程的順暢度，從金流刷卡到物流宅配各方面都需逐一排查。
- 測試網站導入大流量時的負荷度，避免人流進來後網站發生載入遲緩的情形。

儘管做了一切準備，最後仍需要設想一個面對「突發狀況」的後續處理及補償措施，因為不論是在商城賣場還是品牌官網，都可能遇到不可抗力的因素，導致消費者無法如期購買到商品。在促銷期間內如何降低與消費者的衝突，是賣家們的必修課之一。

用「故事劇本五要素」進行活動前置確認

從上述提到的注意事項中，不難發現小細節眾多，而實際上應注意的事項遠超過上述所列。我們可透過「故事劇本五大要素」來檢視活動前置作業的確認事項，其中包含「人、事、時、地、物」等元素，幫助你釐清資源，並能有條不紊地規劃活動。表4.1為SHOPLINE團隊規劃給品牌舉辦促銷活動時所用的清單，可做為你發想類似確認事項的參考。

◎表4.1 透過故事劇本五大要素來做好活動前置作業規劃

	要素清單
人	1. 活動主要為誰而辦？（目標受眾為何？） 2. 目標受眾的愛好為何？什麼樣的訊息能吸引到他們？ 3. 本次活動是否有配合廠商？
事	1. 是否規劃階段性活動檔期如：暖身期、衝刺期、回溫期？ 2. 後續如何推廣宣傳活動？ 3. 促銷活動的遊戲規則是否清楚、優惠之間是否不衝突？ 4. 當消費者權益受損時，應變措施為何？
時	1. 事前規劃活動時間預計多長？ 2. 活動時間在何時？為期多長？ 3. 是否需要為活動宣傳預熱？ 4. 商品出貨速度、與供應商叫貨的時間配合為何？
地	1. 活動舉辦的主要地點在實體還是網路？ 2. 多通路訂單該如何分配消化？ 3. 此次活動是否要配合社群銷售（如開直播等）？
物	1. 促銷商品是哪些？有沒有價格誤植狀況？ 2. 庫存狀況如何？ 3. 商品出貨流程是否順暢？ 4. 缺貨的緊急應變措施為何？

活動企劃中期：進行活動包裝及優化

在你確認好活動前置作業要考量的因素後，便可以根據所列的項目去做活動的內容規劃。基本上，一檔促銷活動一定要有一個「主題」，藉此給消費者一個購買商品的「理由」，各位可以參考以下兩種方式來規劃活動。

一、用特色主題包裝活動

利用特色主題來包裝活動，有助於消費者記得你的活動。最常見的就是搭上節慶風潮的銷售活動（聖誕節交換禮物、母親節媽媽禮盒、情人節情侶款），以及購物季（雙十一、雙十二等）。其餘節日你可以配合自身產業自行做規劃（可參考圖4.3），或是發揮創意來打造自己專屬的「品牌日」，加深品牌記憶點。

二、優惠內容製造層次感

促銷優惠的方式常流於「一直打折」的形式，因此建議品牌可以在活動前、中、後設計出不同優惠內容，製作出層次感，並傳遞急迫性，舉例來說：

圖4.3 台灣電商產業可發想的活動主題日期

一月
1日：元旦連假
14日：日記情人節
24日：國際教育日
春酒尾牙抽獎
預熱春節活動

二月
14日：西洋情人節
22日：貓之日
28日：二二八和平紀念日
不定：過年檔期、元宵節

三月
8日：女王節（婦女節）
14日：白色情人節
15日：國際消費者權益日
21日：世界森林日
零售業春季檔期

四月
4日：兒童節
14日：黑色情人節
22日：世界地球日
復活節
預熱母親節檔期

五月
1日：勞動節
12日：國際護士節
14日：黃色與玫瑰情人節
第二個星期日：母親節
報稅季

六月
1日：世界牛奶日
5日：世界環境日
14日：親吻情人節
18日：六一八購物節
不定：端午節

七月
6日：國際合作節
14日：銀色情人節
暑假、台北電影節

八月
6日：國際電影節
8日：父親節
14日：綠色情人節
七夕情人節、中元節

九月
9日：99 購物節
14日：世界清潔日、音樂情人節
27日：世界旅遊日
27日：馬來西亞 Cyber Sale
中秋節檔期

十月
4日：世界動物日
10日：雙十節
14日：葡萄酒情人節
31日：萬聖節

十一月
11日：雙十一購物節
14日：電影情人節
最後一週星期四：感恩節
感恩節後：Black Friday
黑五隔週：Cyber Monday

十二月
12日：雙十二購物節
14日：擁抱情人節
15日：國際牧貓日
整月：聖誕節檔期

- **活動暖身期**：在促銷活動開始前，鼓勵消費者「加入會員」以獲得購物金來提升會員數，並且吸引消費者在活動期間內購物。
- **活動衝刺期**：利用有時間性的促銷內容與文案，傳遞「趕快下單」的訊息，如「免運只有這兩天」、「限定期間全館七折優惠」等內容來刺激消費。
- **活動回溫期**：在活動快進入尾聲時，祭出「最後加碼優惠」提醒消費者把握機會下單。

活動企劃後期：決定推廣活動管道

當你規劃完畢活動的內容，下一步便要宣傳出去，讓更多潛在消費者知曉，因此品牌必須選擇活動露出的管道。除了品牌官網本身可做促銷宣傳，也需要借助其他管道的支援，如社群、EDM、數位廣告等，將傳播效益最大化。底下我們建議兩種品牌常用的宣傳方式。

一、投放Google、Facebook等數位廣告

投放數位廣告是品牌賣家最常操作的活動曝光形式，同時宣傳效果也最直接。你可以在活動不同階段產製不同的溝通素材。

舉例來說，如果今天品牌規劃一檔聖誕節活動時，可能在前一個月便開始進行活動預熱，投放「聖誕節倒數」的粉絲團貼文廣告，或是利用搜尋引擎的關鍵字廣告等來宣傳活動。待活動日慢慢接近，則投放促銷商品預告、新商品預購等廣告，來提高會員註冊率。活動當下，則可投放GDN動態再行銷廣告，或是動態產品廣告等，挑起顧客下單意願，以促銷優惠資訊渲染想消費的心理，進而促成訂單轉換。

除此之外，在上一章提到的Facebook動態產品廣告（DPA），也是電商促銷的首選形式

之一，像SHOPLINE有提供品牌官網後台串接Facebook廣告系統功能，就能即時連接品牌官網的商品詳細資訊，加速廣告投遞效率。此類型的廣告主要也是在活動檔期中持續投遞廣告給「瀏覽過商品、加入購物車卻未購買」的人，以促成訂單的轉換。

二、EDM電子報／簡訊發送

另外一種方式就是EDM（Electronic Direct Mail，又稱電子報），如果品牌擁有會員的資料，便可透過EDM和簡訊來發送活動資訊、優惠資訊給既有消費者，提醒他們可在促銷活動中回購。你甚至可以在活動資訊中加入只有「忠誠客戶」才有的限定優惠，提升會員的尊榮感和參與活動的機會，藉此提高促銷活動檔期的業績。

看完上述內容，相信你已經明白企劃活動三階段的各個要素，可以開始規劃促銷、選擇宣傳管道、打造品牌的銷售熱點了。但同時也別忘記，在促銷活動結束後，更重要的是「成效的檢視及優化」，唯有透過數據檢視分析來調整你的活動，才能讓以後舉辦活動時漸入佳境。我們會在第五章提供電商產業數據分析及優化的方法，讓你能循序漸進地找出消費者最買單的行銷方式，成功行銷你的品牌。

圖4.4 促銷活動企劃三大階段重點

前 前置作業
- ➤ 明訂促銷活動的目標
- ➤ 掌握關於活動的「人、事、時、地、物」

⬇

中 內容規劃
- ➤ 依照前期整理的資源來規劃主題
- ➤ 以主題包裝、分階段優惠層次規劃活動

⬇

後 曝光管道
- ➤ 選擇數位廣告投遞宣傳活動
- ➤ EDM/訊息等發送給既有顧客宣傳活動

16 如何利用說服邏輯七步驟來設計一頁商店？

重點資訊有序涵蓋於一個頁面，單一商品最佳導購助手

你在經營電商品牌時，有沒有針對不同檔期的活動和熱賣商品，專門規劃「銷售頁面」在品牌官網中露出呢？在電商產業百家爭鳴的業態下，衍生出具有強烈導購意圖的「一頁商店」——有別於一般的商品分類頁跟商品頁模式，一頁商店從「商品介紹到購物流程」都在同一頁面呈現，讓消費者可以快速購買、結帳。

根據 Baymard Institute 在近年統計數據調查發現，[1]當商店頁面過長，或是需要多步驟結帳流程時，約有近五分之一的消費者會離開頁面、放棄購買。因此，善用一頁商店的特性來做站內行銷，更能引導顧客衝動購物，帶動銷售氛圍。

一頁商店：強大的導購工具

一頁商店與一般品牌官網頁面不同之處，在於當消費者在網路商店瀏覽時，從商品介紹、圖片、價格等資訊到最重要的「購物車」功能，全都包含在單一頁面裡，當消費者把商品加入購物車後，無需跳轉頁面便可以直接完成購物流程。如前所述，一頁商店擁有強大的導購優點，但也有一些不適用的銷售情境。下面我們整理了它的優缺點。

一頁商店的優點

它具有快速及方便的特性，一般在做行銷活動時，常透過Landing Page的方式去包裝，並加上CTA引導消費者至商品頁面結帳。這樣做有以下優點：

- **加速購物流程，刺激顧客衝動下單**：你可以直接放上活動圖文、影音等，當消費者瀏覽完頁面資訊，沉浸於你設定好的情境，就能直接在下方選購結帳，省去頁面跳轉到結帳頁時產生的猶豫和時間成本。
- **營造良好的購物氛圍及銷售情境**：消費者從進入頁面開始就能感受良好購物氣氛。舉例來說，你可以放上滿版的商品美圖、強調商品特性或折扣等；主題節慶活動則可透過插圖、影音來塑造節慶感。

- **專注推銷單一商品，提高商店轉換率**：一頁商店可以透過強調商品特性、優點及非買不可的理由，或是放上消費者的口碑推薦，強化商品在消費者心中的印象，消除猶豫感，提升該商品轉換率。

一頁商店的缺點

一頁商店很看重氛圍的營造，如果你提供的內容不夠豐富，無法勾起消費者興趣，他們就很容易直接離開頁面了。以下是一頁商店的缺點：

- **頁面內容匱乏，消費者容易離開**：展現單一商品特點，是其優點也是其風險。當你沒有營造出良好的銷售氛圍，消費者會毫不猶豫地關掉頁面，導致跳出率變高。
- **容易被誤認為是詐騙頁面**：常看到不肖業者藉一頁商店販售假冒、劣質的商品，導致許多消費者一看到一頁商店就覺得是詐騙。因此建議你要先經營自己的品牌官網，讓消費者對品牌商品具備信賴感、有跡可循相信品牌。

打動消費者的七大說服邏輯

既然一頁商店是在單一頁面促成轉換，在規劃上必須有一定的說服邏輯才能打動消費者。以下我們整理出七個步驟，讓賣家們能據此規劃頁面內容來成功說服消費者。

一、**一個商品溝通一件事**。一頁商店的關鍵就是「講清楚最重要的事」，不管是打折熱賣、強調商品賣點，還是能滿足消費者某種需求。此部份可用來展示商品的「獨特銷售主張」（Unique Selling Proposition，簡稱USP）。

二、**在商品描述破題指出能解決的問題**。消費者購買商品，多數會想馬上了解商品能為他帶來什麼改變、解決他什麼問題。因此在商品描述的開頭，可列出「消費者常見問題」。

三、**在描述中展現品牌可信度**。當消費者了解商品功效後，便要向他們展現你的品牌可信度。你可以透過「消費者見證」、「專業認證」等方式，提高他們的信任。

四、**告訴消費者怎麼購買、購買後使用說明等**。為了解決消費者不會使用商品的疑慮，可放置「購買教學」、「使用教學」等。

五、**將促進銷售的誘因置入商品描述中**。看完上述內容，消費者或許心動但仍在考慮，此時

圖4.5 一頁商店七大說服邏輯示意圖

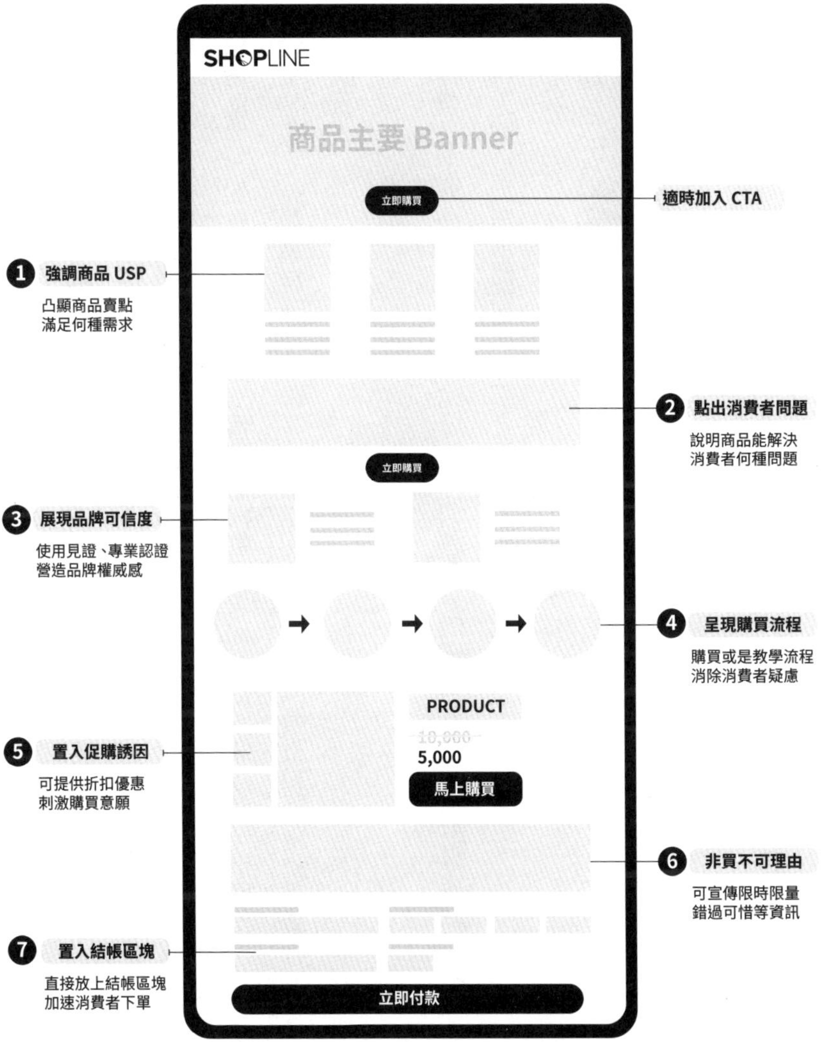

可以置入「折扣優惠」、「免費保固」等誘因，強化他們下單購買的意願。

六、**給消費者一個非買不可的理由**。傳統在商品頁面銷售的模式，消費者時常會加入購物車後卻不結帳。一頁商店的目的是導購，我們可以加入額外的理由，例如「限時下殺」、「限量組數」等方式，讓他們感覺不買會吃虧、錯過會留下遺憾。

七、**置入結帳區塊**。如果消費者瀏覽一番後還沒離開，代表他對商品有一定興趣，此時能在各個地方加入「結帳區塊」來導購。這可以配合上述的限時折扣、限量組數等方式來強化刺激購買。

如台南經典老字號品牌《葡吉麵包店》，便有部分內容依據說服邏輯來規劃（圖4.6）、並放上食物精美的近拍照來凸顯賣點，容易讓消費者產生衝動、進而購買。

選用一頁商店的最後檢驗

在了解一頁商店的優缺點及規劃邏輯後，最後要掌握以下三個原則，讓一頁商店變成你的最佳助攻員。

圖4.6《葡吉麵包店》一頁商店頁面（圖取自其官網）

1 一次溝通一件商品
(商品主要Banner 吸引消費者)

2 強調商品的 USP
(以圖像化搭配文字提升說服力)

3 點出消費者問題
(說明消費者購買商品後的用途)

4 置入結帳區塊
(最後加入結帳欄位，加速結帳流程)

- **確認商品是否適用**：若你販售的是容易創造衝動情境的商品，如流行性商品、消耗性美妝保養品，便適合利用一頁商店來增加銷售量。
- **購物流程是否明確**：確認頁面圖文的設計內容，能讓消費者跟著你具有說服力的腳本瀏覽，產生衝動後下單。
- **是否具有行動裝置響應**：在手機網購盛行下，是否支援手機瀏覽十分重要，良好的瀏覽體驗才能留住消費者。

綜合上述，建議賣家們想建立一頁商店時，可先評估品牌商品的適切性，並營造良好安心的購物環境，讓消費者對品牌產生信任感之後，才能發揮一頁商店的強大導購力。

第4章　註解

1 https://baymard.com/checkout-usability

常見問題與迷思

Q 品牌進行優惠促購時，多久做一次活動比較好？提供超值折扣是否就能為品牌帶來大量訂單？

A 品牌進行優惠活動時，最需要釐清的是「為什麼要做這檔活動」，切勿為了跟風而舉辦，因此沒有明確建議活動的次數。但建議品牌可以挑選重要的電商購物日（如雙十一、聖誕節等），在消費者習慣購物的時段規劃促購；亦或找尋與品牌目標市場相呼應的節慶做企劃，如環保品牌可以鎖定世界地球日等。

超值折扣或許能獲取大量訂單，但如果品牌時常大幅讓利給消費者，可能會造成消費者對商品「低價格」的錨定心理，因此需要審慎評估超值折扣所能為品牌帶來的效益，再決定是否要執行。

Q 在優惠活動推出後，除了投遞廣告以外，還能透過哪些方式讓更多顧客知道活動內容？

A 品牌可以透過「站內」及「站外」的宣傳來曝光活動。針對網站內，可以在首頁或是商品分類頁，加入活動的主視覺Banner，或是視情況使用第三方工具（如Pop-up視窗、跑馬燈等）來曝光。

根據SHOPLINE店家《毛時光》的經驗，他們透過增加第三方工具宣傳活動後，曾讓月訂單成長近兩倍。至於站外宣傳部份，則可以透過品牌的社群做曝光，並加入網站連結，促使消費者進入你的網站。

Q 若是品牌屬於一人或小型團隊，在還沒有專業行銷人員的狀況下，該如何開始規劃或執行一波促銷活動？

A 在缺少行銷專業人才的情況下，建議品牌主可以先將此檔活動的「目標」確定下來，找尋可以協助代操的行銷公司。若是沒有資金及人手雇請，品牌主也可以藉由網路上的教學資源（例如SHOPLINE電商教室及直播教學等）來獲取行銷資訊，自行規劃一檔規模較小的行銷活動，測試水溫並累積經驗。

第 5 章

讓電商品牌長久生存

「與消費者建立長久關係」是品牌經營的不二法門，但品牌該如何維持與消費者的良好互動關係？本章將從數據分析、會員經營到內容行銷等方式，透過不同層面的規劃，找到建立良好顧客關係的有效方法，引導消費者持續回流，將過路客變熟客，再把熟客培養成鐵粉。

SURVIVAL

17 如何應用電商數據提升業績？

洞察電商公式三大指標，優化品牌經營、提升電商業績

對於一個電商品牌，有了流量與訂單後，該如何長久營運就成了首要課題。近年隨著數據驅動（Data-driven）思維的盛行，蒐集數據及後續分析是每個品牌電商都需具備的能力。透過數據來經營電商、優化品牌，儼然成了品牌經營的關鍵之一。

在電商領域中，許多品牌都會透過「電商公式」來規劃營運策略，此公式為：

商品交易總額（GMV）=流量＊客單價＊轉換率

公式中每個指標都環環相扣，因此需要針對各指標全盤規劃，才能顯著提高成效。品牌官網業績亦會受到「流量」、「客單價」、「轉換率」三大因素影響，因此想要提高業績，可從這三大指標著手。

圖5.1 電商公式示意圖

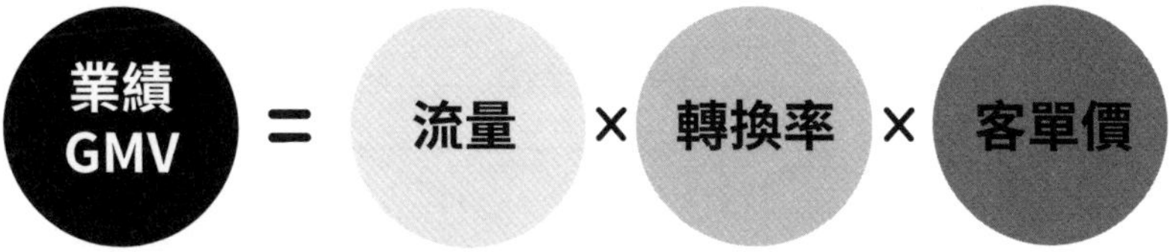

「流量」的優化

「流量」代表著有多少人進入你的網站，以「不重複訪客」（Unique Visitors，簡稱UV）為主，當網站UV人數提升，能促成訂單的機會自然相對上升。流量的提升其實涉及到網站的使用者體驗、品牌行銷策略等，本書第三章也有提及電商品牌常操作提升流量的方式。

在獲取流量以後，判斷並找出高品質流量來源管道（目標轉換較高且停留時間較長等）乃是至關重要的事情。賣家們可利用Google分析（Google Analytics，簡稱GA）來查看不同來源及媒介的導流狀況，強化效果好的管道經營，降低效果差的管道資源，亦或是優化效果差的頁面、使導流效果提升（詳見圖5.2）。

舉例來說，如果每次品牌在撰寫社群貼文導流到官網時的成效差，便可調整此管道的人力分配；而如果品牌藉由內容經營所獲取自然流量的比重較高，便可在內容經營上花更多的心思。切勿將

圖5.2 網站流量優化方式示意圖

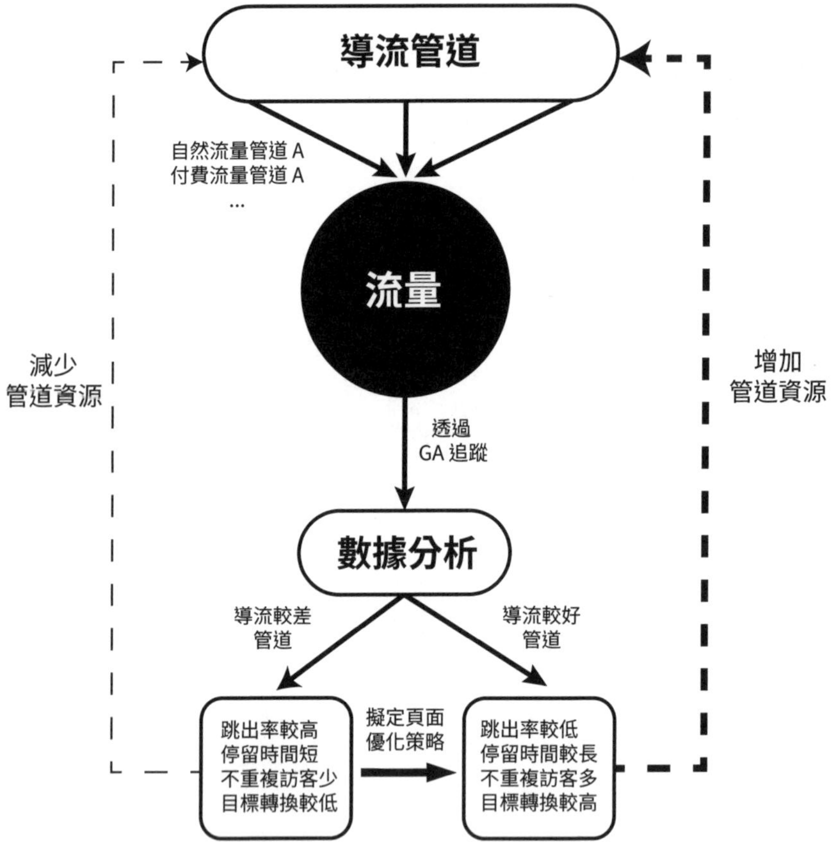

所有資源都砸在同一個導流管道，避免該管道遇到問題時，網站流量出現巨大起伏。

另一方面，與「流量」相關的數據除了UV以外，賣家們還可以參考GA中的「工作階段」及「網頁瀏覽量」。

「工作階段」代表顧客在網站內所造成的一組互動（包含網頁瀏覽、點擊等），在系統預設時間內的所有互動都算是一個工作階段。如果網店頁面工作階段數值高，代表著該頁面吸引使用者互動的能力佳，便可將該頁做為導流的「到達頁面」。

「網頁瀏覽量」則為網頁獲得一次瀏覽就計算一次，可作為網店熱門頁面量級的參考。瀏覽量大的頁面，便可優化其SEO及內容，讓吸客能力更加強化。

圖5.3 與流量相關的指標及應用

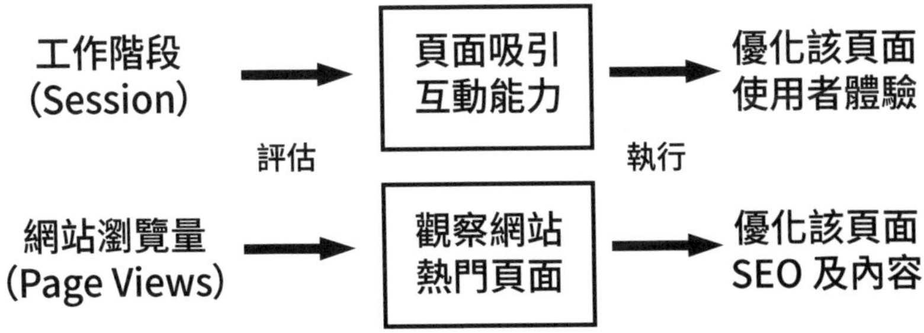

「客單價」的優化

在轉換率及回購率沒有大幅度變動時，客單價能夠讓品牌預估當月所要導入的流量值，以利行銷預算的編列，同時也能夠了解顧客在官網購物的消費能力。要提升客單價，除了商品品質提升，還能透過一些行銷手法來達成。我們觀察SHOPLINE眾多品牌在提高客單價的操作，大致有三種常見的銷售手法。

向上銷售（Upselling）

電商品牌常以商品升級、加購品、滿額禮、免運門檻等方式進行向上銷售。用固定金額門檻享回饋來提高每筆訂單的金額，而免運門檻可設定在平均客單價加上較低價加購品的金額為主。例如，在客單價為九百元的情況，可推薦約一百至兩百元的加購品，並設定一千元的免運門檻，刺激顧客加購商品湊免運。

捆綁銷售（Bundling）

以A＋B、紅配綠這種不同單價的品項做組合，或是推出限定商品套組，使組合價的金額低於顧客心中對A＋B的感知價值，促使他們買單。在商品組合選擇上需要注意，舉例來說，如果顧客對A商品的價格認知為兩百元，對B商品的價格認知為五十元，那組合價就不能超過兩百五十元。至於顧客對各商品的價格認知，可從過去消費紀錄中觀察得知。

交叉銷售（Cross-selling）

在顧客瀏覽商品時，可透過交叉銷售的方式向顧客傳達「購買此商品的人也買了……」，提高顧客瀏覽其他

圖5.4 三種常見提高客單價方式

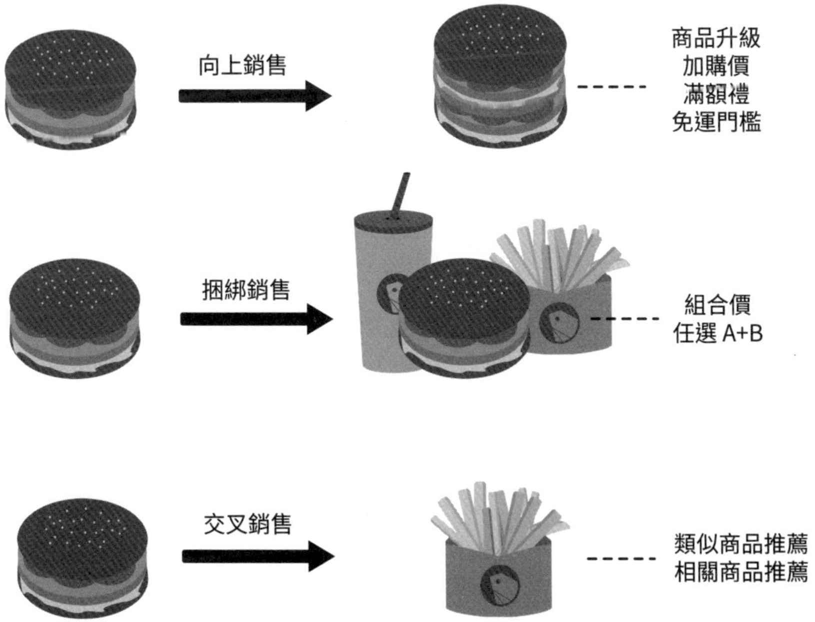

商品的機會，促成他們浮現額外的購物需求。交叉銷售的品項可選擇與顧客瀏覽商品時相關的品項，如販售手機殼，就可交叉銷售充電器，讓顧客順手加入購物車。

「轉換率」的優化

「轉換率」為網站流量所帶來的訂單數佔比，它會受到其它指標的變動而起伏。提高轉換率需要執行的層面非常廣，從本質探討，包含了商品品質、品牌形象、品牌內容等層面，而這些層面所涉及到的因素也很多（如資金、技術、時程等），相對不容易進行。有鑑於此，我們以賣家們較容易操作，且最直接影響轉換的路徑著手——即是消費者的「購物車行為」。

提昇購物車的轉換率

從消費者瀏覽商品到放入購物車，再到結帳頁面填寫資料，最後完成結帳的過程，一般賣家們可透過GA事件及轉換設定來追蹤顧客行為。SHOPLINE的數據分析中心有「網店轉換漏斗分析」功能，會記錄顧客造訪網站到完成結帳的各步驟轉換數據，加速品牌找出可優化環節。

舉例來說，當你發現顧客在商品頁面瀏覽後，鮮少有加入購物車的行為，可以推估商品

圖5.5 SHOPLINE數據分析中心提供轉換率分析報表，可查看轉換漏斗分析

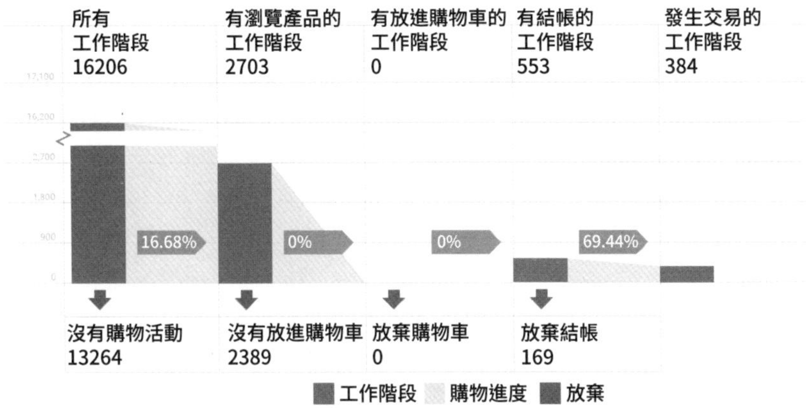

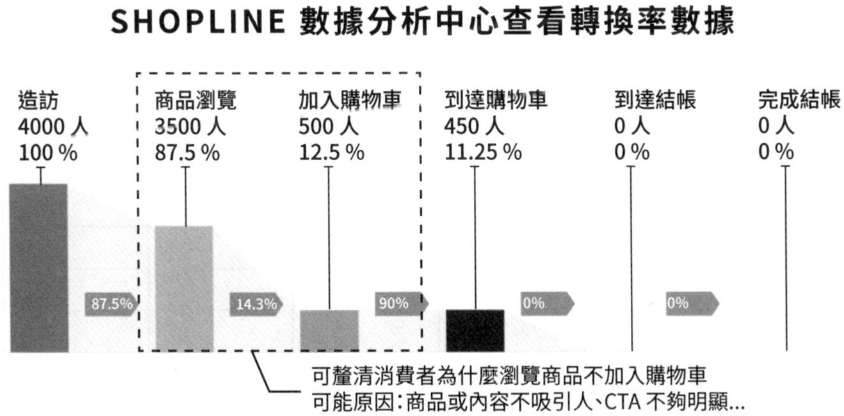

頁面的吸引力不夠強，即可進行頁面的優化（詳細優化做法可參考本書第八單元）。

如果發現顧客有將商品放進購物車，卻遲遲不結帳，便可傳送訊息提醒他，甚至提供結帳優惠加強他下單的意願。這時候可配合顧客管理系統來傳遞促購資訊，而SHOPLINE也有針對此情況提供「購物車未結帳通知信」功能，加速消費者結帳的最後一哩路。

倘若發現顧客是在結帳頁到完成結帳的轉換率降低，則可推斷是否因為結帳流程的繁瑣而降低購買慾望，進而評估找出每個結帳欄位的填答取捨，以提升品牌官網整體的轉換率。

透過上述電商公式三大指標的洞察及優化，品牌便能找到持續嘗試及調整的目標。相信持之以恆地進行，你必定會看見品牌官網業績持續提升，運用數據洞察找出品牌穩定經營的道路。

18 如何透過會員經營策略培養鐵粉？

三階段打造品牌會員制度，成功培養品牌擁護者

「顧客」一直都是品牌最重要的資產，同時也是品牌長久經營不可或缺的要素。要維繫顧客與品牌之間的關係，我們必須賦予他們「特別」的身份，也就是「會員」。透過會員經營，可讓顧客感受到品牌對他們的重視，藉此提升消費體驗，將他們打造成品牌的擁護者。

會員經營的重要性

其實多數品牌都已有會員制度，有自行創立官網的品牌更是如此。有別於坊間電商通路，官網不僅可以累積屬於自己的會員，也能夠透過會員提高品牌的回購率，帶來穩定的品牌收益。《哈佛商業評論》曾提到：「新客開發成本比舊客高出五倍。」而零售庫存訂單平台公司 Stitch Labs 調查也發現：

- 回購客佔總體客數僅一二%，消費卻佔總體收入的二五%。
- 相較於新客，回購客的客單價高出一五%，一年內的消費多一二〇%。

此外，當顧客對於品牌有情感及認同時，不只對價格的敏感度降低，更會時常留意品牌，以及推薦商品。所以品牌經營會員除了能提高回購率，同時也能行銷品牌，滾動出更龐大的獲利。

會員經營三階段策略

想想看，當你在接觸一個品牌後，會因為什麼原因而加入會員？不論你的原因為何，都有可能與該品牌再次互動，但如果這個品牌沒有與你建立更深的關係，你可能會漸漸淡忘它，或是選擇其他品牌。此時，建立「會員制度」就成了品牌營運的關鍵，一套完善的會員制度是必要條件。

我們透過「顧客導向」的行銷漏斗模型AARRR（圖5.6）可以發現，一個顧客從認識品牌到推薦品牌，大致有五個階段，分別是：獲取顧客（Acquisition）、活化顧客（Activation）、留存顧客（Retention）、增加收益（Revenue）、顧客推薦（Referral）。

圖5.6 AARRR行銷漏斗對應到會員經營的三個階段

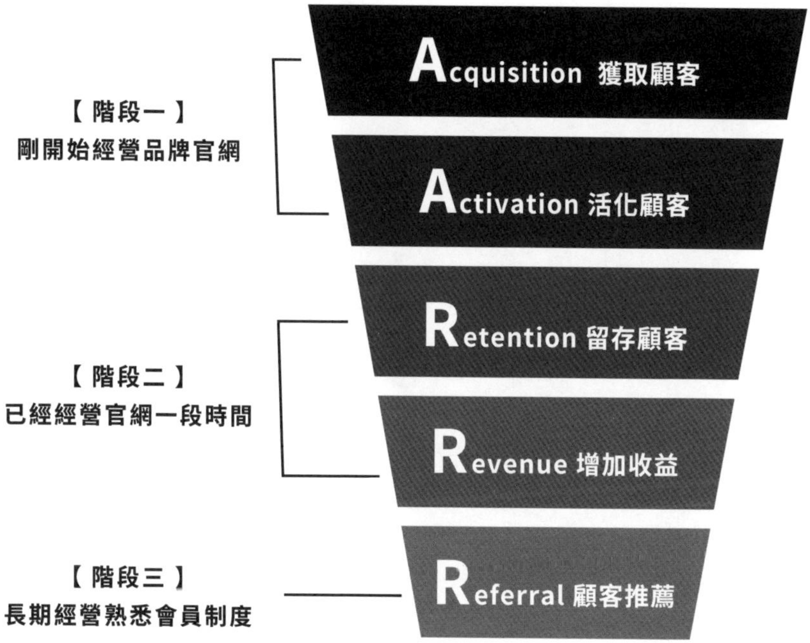

在我們的觀察中，品牌電商經營會員大致上有三個階段，而行銷漏斗的每個環節恰好能對應到各個階段中。底下我們會進一步地解析這三個階段，找出其中電商品牌常見的經營目標與手法。

階段一、剛開始經營品牌官網

【經營目標】：獲得更多的新客成為會員，並購買你的商品。

【常見做法】：新加入會員享優惠（購物金、折扣等）。

當你剛開始經營品牌電商時，可能沒有顧客；或是你剛從平台轉至官網，尚未進行舊有顧客轉移。這時候品牌會處在「獲取顧客」及「活化顧客」階段，你必須讓他們認識品牌、加入會員，促使他們購買你的商品。

此階段可以提供誘因，讓第一次接觸品牌的顧客願意加入會員，像是購物金、折扣代碼等。同時也必須減少註冊會員的複雜度，比如支援Facebook等社群登入，或是輸入資訊不超過五欄即可完成會員註冊，進而累積會員數量。

階段二、已經經營品牌官網一段時間

【經營目標】：提高會員回購率，穩定品牌收益。

【常見做法】：會員分級，給予不同等級優惠、下單獲得會員購物金、會員點數累積。

當你已經累積一定的顧客後，如何創造持續性的穩定收益便至關重要。此時品牌會處在「留存顧客」及「增加收益」階段，你必須考量如何在獲得更多訂單的情況下，同時提升舊客回購、新客入會的機會，持續與會員建立深度關係。

此階段你可以將既有會員進行分眾，可依據消費金額、購買頻率等劃分會員等級，提高不同級別的優惠方案。這樣不只能刺激舊有顧客累積消費來升級，同時可配合會員名單進行廣告分眾，規劃再行銷策略，找到購買意願較高的族群，藉此提高品牌回購率。

另外，品牌可規劃下單獲得會員購物金，或是推出會員點數累積活動，讓會員在消費時也能獲得一定比例的回饋，使他們在下次購物時能享有折扣。會員點數還能激起顧客的集點慾望，增加他們下單的可能。

階段三、長期經營品牌官網且熟悉會員制度

【經營目標】：深化品牌會員關係，打造品牌鐵粉。

【常見做法】：會員專屬生日禮、會員推薦獎賞。

當你的品牌會員已經有持續性地回購時，品牌的課題就成為提高顧客「忠誠度」了。此時品牌會處在「顧客推薦」階段，你必須考量到如何持續與會員建立深度關係，讓他們成為你的品牌擁護者，主動擴散、提升口碑、帶動買氣，降低獲取新客的成本，打造品牌獨有的社群。

打造向心力強的品牌社群並不容易，可先從舊客推薦新客即享回饋的方式（如會員推薦活動），鼓勵既有會員分享品牌、賺取購物金等，讓舊客的購買機會藉此轉嫁到新客身上，擴大口碑宣傳。除此之外，也可以提供會員專屬生日禮、三節禮等，定期回饋舊客，創造品牌與舊客間的互動，逐步打造品牌鐵粉。

經營實例：《TOYSELECT 拓伊生活》的會員制度

根據上述三階段的經營，SHOPLINE 的顧客管理系統皆支援相關功能。以《TOYSELECT

拓伊生活》為例（圖5.7），其品牌具有會員分級、消費折扣、回饋金等規劃，擁有非常完善的會員制度，讓品牌能夠持續累積會員數量，進而培養出專屬品牌的鐵粉。因此，想要長久經營品牌的賣家們，一定要規劃出品牌的會員經營策略才是最佳選擇。

圖5.7 《TOYSELECT拓伊生活》的會員制度規劃（圖為參考其官網再製）

	銅級	銀級	金級	白金級	無敵級
消費折扣	—	98 折	95 折	9 折	85 折
回饋金	1％ 期限 90 天	2％ 期限 90 天	3％ 期限 90 天	3％ 期限 90 天	3％ 期限 90 天
生日禮金	$ 50 元	$ 50 元	$ 100 元	$ 100 元	$ 200 元
續會條件	12 個月 滿 $ 800	12 個月 滿 $ 1,200	12 個月 滿 $ 3,000	12 個月 滿 $ 6,000	12 個月 滿 $ 9,000

註：此會員福利表為參考拓伊生活 2020 年版本，關於詳細數字請依據其品牌官網為主

19 如何寫出吸睛的內容行銷文章？

善用履歷格式五大重點，完成優質的內容文章

最近幾年是「內容當道」的時代，多數品牌賣家都下定決心開始經營內容，最常見的方式就是撰寫內容文章來攻佔搜尋引擎排名，為網站導入自然搜尋流量。本單元將依據SHOPLINE電商教室編輯群的經驗，提供各位撰寫內容文章的模式。你可以把它想像成一張「履歷」，配合五大書寫重點，便能將品牌最好的內容呈現給顧客。

一、寫一個吸睛的標題

標題是文章最先被看到的內容，如果標題不夠吸引人，就難以激起讀者興趣。當標題與內容不合，也會讓讀者產生反感，認定文章內容沒有價值。標題就像履歷中的名字，特別的名字很容易吸引面試官目光；同理，透過一些技巧來寫出吸睛的標題，亦能增加讀者點閱的

機會。底下分享九種設定標題的技巧，讓你快速寫出吸引人的標題：

一、**數字搭配**：運用數字，奇數為佳（心理學研究奇數比偶數更吸引人）入標。

如：適合創業者的網路開店平台，告訴你選擇SHOPLINE的七大理由！

二、**數據佐證**：附上數據佐證，產生信任感。

如：把握近五〇%社群購物商機，五大步驟提高社群導購業績！

三、**問題解答**：疑問當開頭，解答做收尾。

如：SEO也能帶來轉換？商品分類頁優化，提升你的網站排名及流量！

四、**時事話題**：搭上流行話題，藉討論熱度獲取點擊。

如：疫情來襲，生意怎麼辦？網路電商生意讓你度過難關！

五、**前後對比**：製造前後對比，創造反差。

如：網路開店困難嗎？釐清四大問題，讓開店變得超簡單！

六、**反面敘述**：反面語句的陳述，像「不要再、你不應…」警惕讀者。

如：不要再做沒有轉換的商品圖了！六大Banner設計要素提高商品點擊。

七、**重點陳述**：簡潔有力，直接點出重點。

圖5.8 內容文章下標九大技巧

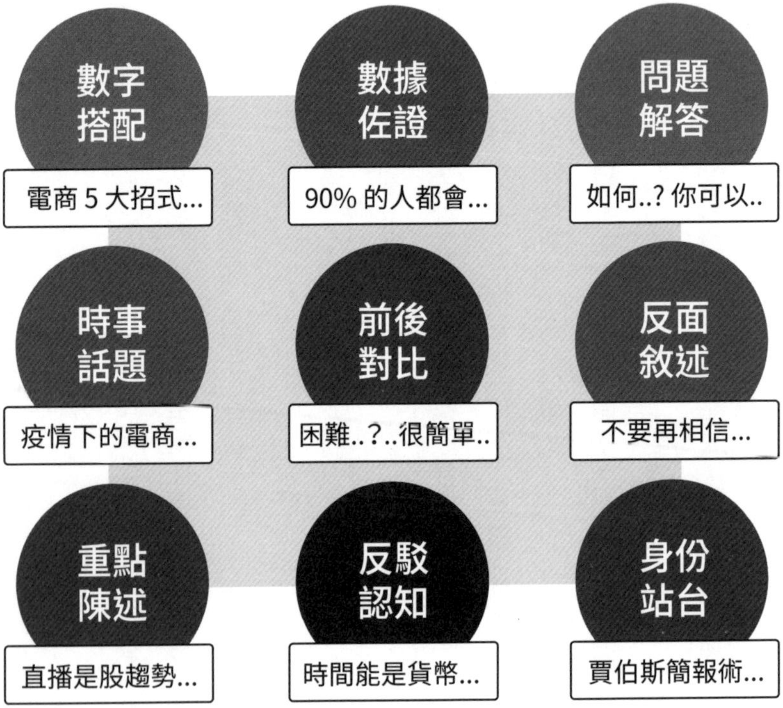

如：用數據看二〇二〇社群趨勢，品牌電商社群經營是關鍵！

八、**反駁認知**：反駁普遍的價值觀，打破既定印象。

如：在家工作也能高效率？新冠肺炎來襲，九個必備遠端工作技巧！

九、**身份站台**：借助有影響力之人的話，如賈伯斯、馬雲、大品牌等，引發讀者好奇。

如：聊天機器人 Chatbot 如何應用在電商？看樂高、H&M 應用案例精準導購！

二、用文章引言為讀者抓重點

當讀者開始閱讀文章時，可藉由文章引言來抓住其好奇心。它就如同履歷中的「自傳」，優先把自己最精華的部分呈現出來，讓面試官快速了解你。我們以「時常走訪大自然，對身心靈有益處」的文章為例，提供兩個寫引言的技巧來增加讀者閱讀意願。

- **肯定法**：整篇文章的核心觀點，用一句肯定句來總結。

如：親近大自然能讓你身心更健康。

- **反問法**：透過一個問題喚起讀者的思考。

如：你有多久沒有好好體驗大自然的美呢？

三、擬定文章架構豐富內容

文章內容就像是履歷中的「學經歷」，呈現出過往事蹟及經驗，閱歷豐富能讓面試官更感興趣。其中的關鍵，就是你的文章內容必須能夠解決潛在顧客或現有顧客的需求及問題。你可以透過下列兩步驟來呈現出文章的內容。

STEP 1、規劃文章架構

首先，你可以透過「七何法」、「列點法」、「步驟法」來擬定架構。

- **七何法**：就是常見的5W2H，透過問句的方式來展開架構。顧客也常以「問

圖5.9 《慢溫》以列點式來架構文章

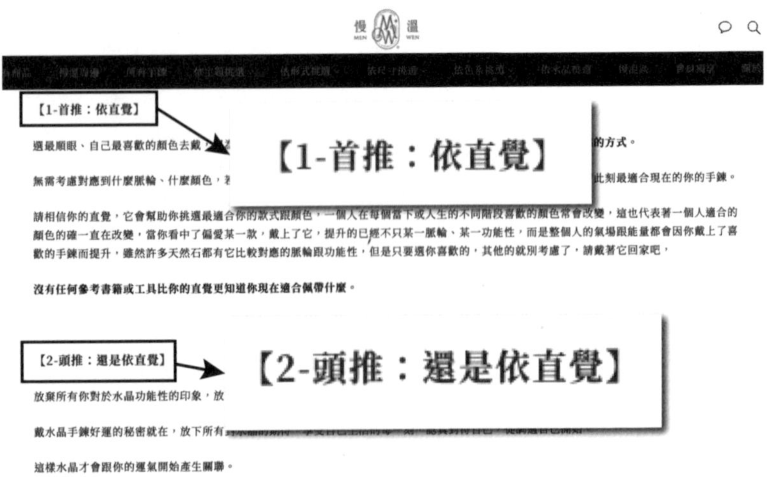

題」作為關鍵字搜尋，有時候能夠切中顧客真實需求。

- **列點法**：如果重點很多，適合用列點抓出每段的內容，以SHOPLINE店家《慢溫》為例，它們以列點法來教導顧客如何挑選適合自己的手鍊，讓顧客能清楚了解選擇要訣。
- **步驟法**：如果是使用教學、操作流程等文章，可以透過步驟法讓人跟著做，例如手把手教顧客如何補充鋼筆墨水，有效解決顧客問題。

STEP 2、豐富文章內容

當你完成文章內容架構後，便可以開始豐富每段的內容。對於各自產業的相關知識及洞察，相信身為賣家的你一定最清楚。這裡我們再分享幾個讓文章內容更「豐富」的小技巧：

- 在文章中放入顧客見證、使用心得。
- 可傳達品牌更深層的理念，如環境保育、社會關懷等。
- 可增加一些影音內容。

四、為文章做出結論

結論可以點出文章中最重要的一兩點當收尾，讓讀者在看完文章時，能夠有一個記憶點。結論也很像履歷中的「作品集」，總結自己的作品，讓面試官知道「你做過了什麼」。因此統整好重點、下結論，是撰寫內容文章的必要元素之一。為了使讀者易於閱讀、加深印象，你可以將重點整理成表格、資訊圖表（infographic）等方式呈現。

五、加入CTA導購

除了透過內容獲得流量，對電商來

圖5.10 《AMOUTER戶外人》利用行程使用裝備做為CTA

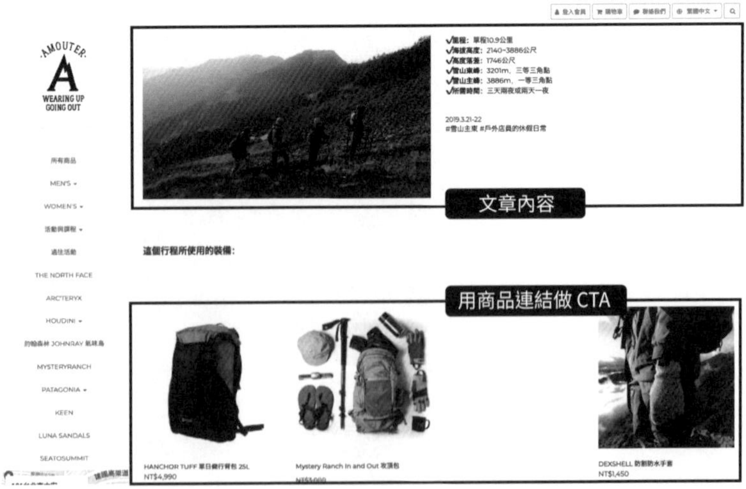

說，得到實際轉換才是至關重要。因此在總結的地方，建議要放上CTA（Call To Action），增加轉換的機會。這在履歷上就像是「個人加分技能」，附上後都有機會增加讓面試官錄取你的機會（讓顧客下單），成功獲得訂單。

例如戶外用品選物品牌《AMOUTER戶外人》，會撰寫登山遊記與顧客分享，並在文末加入此次登山使用的裝備購物資訊，藉此加強品牌內容與商品的連結性，提高內容所帶來的轉換率。

看完上述的書寫重點，相信你對於撰寫內容文章的方式已有基本概念。根據我們的經驗，透過履歷格式的方式撰寫文章，不只能有效減少行銷人員的時間成本，同時也讓SHOPLINE部落格單月流量在不到一年的時間裡突破十萬，提升近一五〇%。因此只要持續用心經營內容，與顧客溝通，其效果將會逐漸地累積，成為品牌行銷的重要武器。

圖5.11 內容文章履歷格式重點整理

STEP 1

文章封面

【文章標題(姓名)】

數字搭配、數據佐證、問題解答

時事話題、前後對比、反面敘述

重點陳述、反駁認知、身份站台

STEP 2

【文章引言(自傳)】

肯定法:透過問題喚醒讀者思考

反問法:通篇文章的核心觀點用一句肯定去來總結

STEP 3

【文章內容(學經歷)】

七何法:5W2H 問題式展開架構,較容易切中消費者需求

列點法:條列式重點,讓消費者清楚找到自己的需求

步驟法:適合操作、流程式內容,手把手教導效費者,解決問題

PS. 可在文章中放入消費者見證、傳達更深層的品牌理念、也可增加影音內容

STEP 4

【文章結論(作品集)】

將內容中最重要的一兩點當收尾,給消費者一個記憶點

可透過整理成「表格」、「資訊圖表」等方式呈現

STEP 5

【導購 CTA(加分技能)】

附上商品購買、會員註冊等行動呼籲,提醒消費者進行動作

形式可以是「按鈕」、「表單」、「產品列表」等

20

如何優化EDM的開信率與回購率？

應用EDM行銷三大技巧，讓品牌與顧客深度溝通、提高回購率

你的品牌有經營EDM行銷嗎？或許你會認為零售業的EDM開信率普遍偏低，品牌做了會沒有成效，但實際上真是如此？

據全球知名的電子郵件行銷公司Campaign Monitor的報告指出，二〇二〇年零售業的EDM開信率為一三・九%，開信後的點擊率為一五・二%，高於平均值。同時有研究指出，近四成的顧客在開啟EDM後，會採取瀏覽網站、購買商品等行動，代表著顧客收到EDM後，有一定的機率開信並下單購買。

因此，當顧客願意成為品牌的EDM訂閱戶、接收品牌資訊時，就能有機會刺激他們回購，所以EDM仍然是促進電商銷售及品牌經營的武器之一。

收集EDM訂閱戶為優先條件

如果你想要將這把品牌經營的武器打磨鋒利，勢必得先累積你的訂閱戶數。對於品牌電商來說，最直接且有效的方式，就是在顧客註冊官網會員時，同時詢問他們是否願意訂閱接收EDM。此外，如果你的品牌擁有眾多電子報訂閱的管道，建議你可使用GA設定轉換目標，了解哪一條路徑是最多EDM訂閱的管道，再針對這些管道進行後續的分析及優化。

一般來說，經營EDM行銷都會配合使用相關的系統（如會員管理系統），而在選擇這些系統時，需優先考量系統是否能夠進行顧客的「分眾」，若是無法在電子報系統中標記顧客，那在行銷層面上的應用就會有諸多限制。

你可以透過加入更多訂閱EDM的區塊，提醒顧客記得訂閱，並明確告知訂閱後有什麼樣的好處，常見的方式為使用「彈出式」（Pop-up）及「嵌入式」訂閱區塊。

彈出式訂閱區塊

以彈出式視窗提醒來客訂閱EDM，是電商常見的形式，使用上請盡量維持四個原則：

圖5.12 《Bonny & Read飾品》以彈出式視窗配合折價券，提高Email收集成效

進入網頁後一段時間會
跳出留 Email 的彈出式視窗
Free coupon
【別忘了95折優惠券！】
輸入你的E-mail即可獲得"折扣代碼"
#訂閱EDM #獲得更多優惠資訊
E-mail
通常可加入誘因（如折價券等）
吸引消費者留下 Email

一、訂閱區塊盡量不要佔據全版，不強迫顧客訂閱。

二、不要立即出現訂閱區塊，等顧客瀏覽網站數秒後再彈出，避免分散顧客進入網站的注意力。

三、允許不同裝置自動填入資訊，加速顧客訂閱流程。

四、不要在訂閱區塊加入過多的額外資訊。

彈出式視窗示意可參考圖5.12，於消費者進入官網數秒後，彈出訂閱區塊並提供一些誘因，使他們願意多花幾秒鐘的時間填寫，藉此收集更多電郵名單。

嵌入式訂閱區塊

嵌入式的訂閱區塊可以在品牌內容經營時使用，讓顧客在讀完你的內容後，激發興趣並進行訂閱；或是可附加於網站中的固定位置，方便消費者看到時可以填寫。

SHOPLINE的部落格就是以嵌入訂閱區塊來收集EDM的訂閱用戶（見圖5.13），每月有將近二〇%～三〇%的訂閱數是從嵌入式而來。

三大技巧提升EDM開信率

在收集到EDM名單後，緊接著就是透過EDM來促成轉換。在轉換的成效評估上，可從「開信率」、「點擊率」及「開信

圖5.13 SHOPLINE部落格的嵌入式訂閱區塊，以內容吸引訂閱

點擊率」三個指標，來判斷消費者有沒有看信件的內容，以及有沒有點擊信件內容。

- **開信率**：信件被打開的比率（打開信件數量／寄送成功信件數量）。
- **點擊率**：點擊信件內連結比率（點擊信件內連結的數量／寄送成功信件數量）。
- **開信點擊率**：打開信件後點擊裡面連結的比率（點擊信件內連結的數量／打開信件的數量）。

因此，提高開信率等指標相對能提高轉換率。我們提供以下三種技巧來提高EDM行銷的威力，讓品牌得到更多顧客的注意。

一、在對的時間點傳給顧客

EDM的開信率與顧客習慣關係極大。根據上述提及的報告，以及整合數位行銷平台HubSpot、電子郵件服務公司MailChimp、電子報行銷平台Omnisend等研究歸納整理出，全球不分產業別的EDM行銷各項平均數據中顯示：

- 開信率最高為「週二」；最低為「週六」。
- 點擊率最高為「週日、週一、週二、週四、週五」；最低為「週三、週六」。
- 開信點擊率最高「週四、週五」；最低為「週日」。
- 開信率最高時段為「早上八點～十點、下午一點、下午四點」。
- 點擊率最高時段為「早上八點、下午一點、下午四點～五點」。

各位可以參考這些時間點去排程發信。

儘管各產業中的指標數值會有些微的差異，根據報告中的均值來看，開信率在不分產業下約為一七・八％、點擊率為二・六％、開信點擊率為一四・三％，且各產業數值差異基本上鮮

圖5.14 適合發送 EDM的時間表

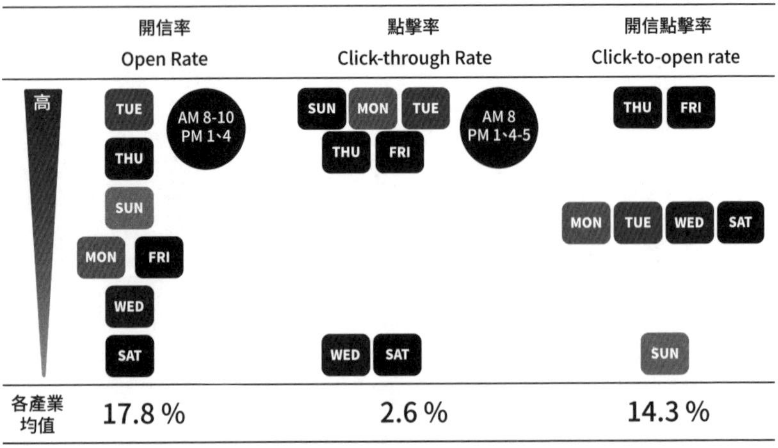

少超過正負五個百分點（詳細各產業數據可參考上述報告）。

因此，你可以測試自家品牌的開信率、點擊率及開信點擊率，看自身產業的消費者行為與均值的差距，再從中找出可優化的地方。

二、用「有價值內容」創造「價值」

除了將促銷及新品資訊放入EDM中提升買氣外，你也可以把「有價值」的內容傳給顧客，提供專屬顧客的內容，將EDM轉變為載體，深度地與顧客溝通。

對於顧客來說，「專屬」二字具備了一定的排他性（Excludability），往往能夠提升顧客的購買慾望。因此你可以將不同等級的優惠，用EDM傳給不同級別的會員，透過給予專屬內容來激起他們與品牌互動。

此外，你可以利用EDM自動化行銷的優勢，在顧客消費過程的各時期傳送不同的內容。舉例來說，一個泡菜品牌在顧客收到泡菜時，透過EDM傳給他們「泡菜的保存方式」資訊；到貨數天後，則可以傳送「泡菜料理的食譜推薦」資訊；甚至可以做到當顧客購買一定天數後，傳送泡菜過期資訊提醒。整個購物過程中都能緊密地聯繫顧客，提高他們回購的機會。

以SHOPLINE為例，每當新的功能推出或更新，團隊就會評估功能的使用情況，將賣家們常遇到的問題做整理，結合教學內容產製EDM，為品牌經營提供更多協助。

三、主旨明確並加上趣味度吸引點擊

EDM的信件標題（主旨）是吸引消費者目光的第一道關卡，因此主旨必須明確表達信件目的。舉例來說，如果是促銷EDM，直接點出折扣或是優惠內容，成效往往比較好：

- **好的標題：**SHOPLINE服飾全館八折起，外套最低千元有找！（明確提示折扣數與價格）
- **不好的標題：**SHOPLINE服飾全館出清，購買外套享有折扣！（重點資訊皆未標明）

此外，EDM的趣味程度也會影響顧客點擊的意願，甚至是品牌印象。你是否有印象，哪種EDM的信件主旨，會讓你在收件匣中忍不住點開來看？又是哪種信件內容會勾起你的興趣、多看幾秒？

以外送平台Uber Eats為例，他們時常在EDM主旨中加入「顧客名稱」及符合時事的內容，與顧客產生共鳴，吸引消費者點擊來一探究竟，藉此提升EDM的開信率。此外，他們會在內容中搭配動態圖片、趣味文案等，最後附上有趣的行動呼籲文字，使顧客願意進一步

去了解他們的品牌。

這些做法還能讓他們的EDM在顧客心中留下有趣的記憶點，往後看到這個品牌的EDM，都會想要點進去查看，加深顧客對品牌的印象分數。

一個好的品牌，唯有不斷的與顧客互動，讓他們時刻記著你的品牌存在，才能更進一步與他們建立良好的關係，成功抓住這些忠誠顧客。EDM或許只是一個管道，但它同時也可能成為品牌長久經營獲取訂單的重要方式之一。

第5章 註解

1 https://www.stitchlabs.com/resource/reports/customer-loyalty-report/

2 https://www.campaignmonitor.com/resources/guides/email-marketing-bench marks/

常見問題與迷思

Q 在會員經營上，遇到客訴該怎麼辦？奉行「顧客至上」是否對品牌發展比較好？

A 電商品牌都會安排負責處理客訴的人員，而對於顧客的反饋，建議品牌可以依照「認知性」、「合理性」、「發展性」三大面向去評估處理方式。

「認知性」在於顧客對品牌提供的商品或服務的理解程度，判斷他們所認知的事情是「對」或「不對」。品牌可以在官網的ＦＡＱ、商品說明等地方再三強調，與顧客約法三章，表達品牌認為對的事情，並將他們錯誤的認知導正，才能在日後應對處理上站得住腳。

「合理性」則是判斷顧客所提出的建議及回饋是否符合品牌一貫的作法，或是他要求的回饋是否符合他的權益。由於顧客都是品牌的重要資產，在回饋上不該出現差別待遇，因此遇到「奧客」時，建議品牌在評估合理性等要素後，可視情況選擇不與奧客打交道。

「發展性」代表著顧客的建議是否對公司的發展有所幫助，可以根據過往蒐集到的顧客行為資料做整合分析，若是對品牌發展沒有價值，就不要一味地滿足顧客的要求。

因此，回應客訴的大原則就是：「在顧客認知無誤的前提下，如果他們提出的要求是不影響品牌經營及他人權益的合理範圍下，都需『以客為尊，顧客至上』，並與其商議出能滿足他的可行方案。」

Q 會員制度在經營品牌官網初期就要設立嗎？或是建議什麼時間點再開始進行？

A 現在消費者的購物行為越來越難以追蹤，本書第一章便提到大多數商城賣場較難以蒐集會員及其購物行為資訊，因此建議品牌在建立官網初期，便要規劃出會員制度，進而獲得會員的資料做後續的分析、再行銷等，同時也能透過會員提供的反饋進行品牌的調整。

如果品牌本身有舊客名單，也可以匯入到官網的會員系統當中，或是針對原先平台的消費受眾，規劃「老客戶註冊會員享好禮」等活動，只要消費者提出在電商平台中的購買證明，便可加入會員拿取好禮。盡量收集更多的會員資料，品牌才能更了解顧客。

第6章

進階電商經營技巧

伴隨著科技發展，「銷售」也越趨多樣化，品牌銷售若一成不變，一不注意就會與產業趨勢脫軌。本章將帶你洞察未來趨勢，提供品牌更上一層的拓展方向參考，讓品牌走在市場前端，也在競爭環境中能夠脫穎而出。

UPGRADE

21

如何讓「社群」+「電商」促成良性循環?

掌握社群電商三大優勢，讓品牌搭上社群電商潮流

現今消費者購物管道多元，近年也開始轉往在社群平台上購物，為「社群電商」的發展帶來巨大的成長。Facebook於二〇一六年開始了Marketplace的測試，於二〇二〇年也推出了Facebook Shops及Instagram Shopping購物功能。試想這個擁有數十億用戶的社群之王為何投入電商，其中的緣由不言可喻——「社群電商」將會是近期電商的發展重點之一。

社群電商是未來的電商趨勢

社群電商，顧名思義就是「社群」與「電商」兩個概念相結合的產物，讓擁有共同興趣的消費者能夠透過社群媒體進行交易的一種模式。

早在二〇〇〇年初期，IBM就為社群電商下了一個定義：「社群電商就是口碑行銷的

概念應用在電子商務上。」時至今日，社群電商的形式則是「在具有口碑的品牌社群上進行商品或服務的銷售」，與當時概念一致，它也具備了社群平台的要素：匯集人群、雙向溝通、資訊分享。

在二〇一〇年，Facebook創辦人馬克．祖克柏（Mark Zuckerberg）說：「如果要我猜測，社群電商是下一個會爆炸性成長的領域。」而北美電子商務機構Absolunet在二〇一九年提出的十大電商發展趨勢調查，「社群電商也名列其中，恰好應驗了祖克柏的猜測。該調查數據也顯示了有近九〇%的電商消費者認為社群媒體可以幫助他們做出購物決定，有近四〇%的商家用社群媒體進行銷售，同時有三〇%的消費者表示他們會直接在社群平台進行購物。

社群平台匯集了願意分享資訊的人群，隨著消費者在社群上的互動增多，社群平台擁有的三大優勢也使得社群電商具備了高度發展性。

一、強大導購力

社群能夠明確地曝光給「對的人」看，導購力較強。舉例來說，會關注品牌社群的人，多屬於該品牌的粉絲，其導購力相比消費者在網路上搜尋到品牌網站來得高，而品牌粉絲對於品牌的認同，也會同時提升他們對於產品品質的認同。

二、廣闊傳散力

社群傳散威力之強是經營品牌眾所皆知之事，品牌在社群平台上發佈訊息時，若能成功引發粉絲共鳴，就有機會造成廣大迴響，而消費者也會將感興趣的內容轉傳分享，為品牌連結更多潛在顧客。若你成功培養出品牌的擁護者，他們甚至會在社群平台上為品牌宣傳及主動協助解答問題，提高品牌的可信度。

圖6.1 社群電商三大優勢

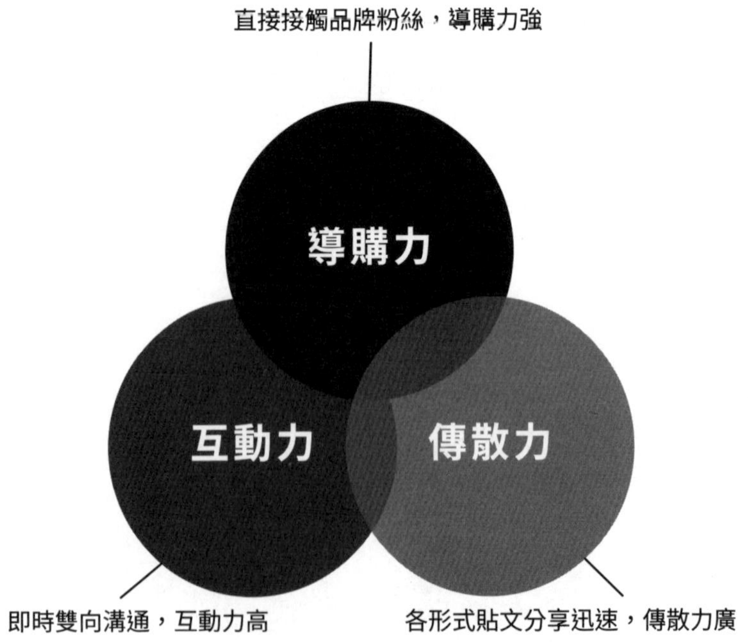
直接接觸品牌粉絲，導購力強
導購力
互動力
傳散力
即時雙向溝通，互動力高
各形式貼文分享迅速，傳散力廣

三、高度互動力

多數人如果在網購時對於商品或服務有疑問，都會希望能快速得到解答，而社群就有高度的互動優勢，可透過直接留言或私訊品牌，得到即時回應。品牌也可以透過直播等方式，第一時間展示商品、回應顧客問題。

三步驟讓品牌跟上社群電商

了解社群電商的優勢後，你可能會思考，品牌該如何因應這股趨勢？其實回歸到「社群」出現的初衷，就是「人與人溝通的管道」。以顧客的角度來經營品牌社群，讓他們透過品牌粉絲團彼此連結、互動，創造品牌獨有社群，就能在社群上創造良好獲利。SHOPLINE 從社群電商的三大優勢延伸出三個建議。

增加導購力：建立適合品牌的社群平台

近年來眾多市調中提到，活躍在社群的族群年齡層越來越廣，不同的社群平台也有不同的族群結構。因此在社群販賣商品之前，選擇適合自己品牌的平台是至關重要之事，才能在

圖6.2 各社群使用者輪廓與經營方向

社群平台	Facebook	Instagram	LINE
使用率	98.7%	59%	95%
使用者年齡輪廓	13 - 17 2.9% 18 - 34 42.4% 35 - 54 39.1% 55 以上 15.6%	13 - 17 5.4% 18 - 34 66.2% 35 - 54 25.7% 55 以上 2.7%	15 - 19 9% 20 - 39 47% 40 - 59 41% 60 以上 22%
社群經營方向	資訊中心 廣告曝光	特色照片 商品展示	活動宣傳 內容推播

註 1：使用者資料為 TWNIC 2019 年調查

註 2：使用者輪廓 (Facebook / Instagram) 為 2020 年二月Napoleoncat.com 之數據；LINE 為尼爾森 2016 年調查資料

對的平台上找到對的受眾。我們建議可透過圖6.2，從台灣使用率較高的社群媒體用戶輪廓找出自己品牌適合的平台。

加強傳散力：培養品牌粉絲信任度

如果想要培養品牌擁護者，為品牌在社群中宣傳，就需要一套社群行銷策略。我們整理了簡單的操作步驟：

一、**設定經營目標**：設定好行銷目標，依照不同社群平台使用者特性規劃行銷策略。

二、**社群聆聽**：透過社群聆聽（社群平台後台數據洞察、輿情工具、市調等），找出受眾關切議題。

三、**產製有價值的內容**：針對受眾關切議題產製「有價值」內容，需要不斷嘗試找出最合適的內容形式。不同受眾感興趣的價值不同，你的受眾可能喜歡知識性內容，亦有可能喜歡輕鬆有趣的幽默內容等。

四、**數據檢視及優化貼文**：配合貼文數據成效來找出優化方向，持續滿足受眾需求。

五、**持續互動**：經營社群需要持之以恆，找出合適方向後便可持續產出及與受眾互動。

圖6.3 社群行銷經營策略示意

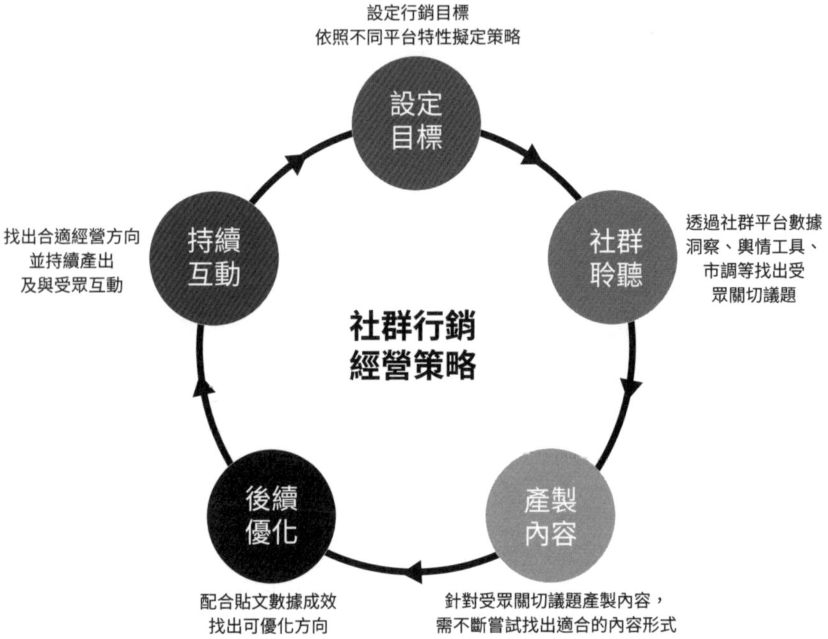
設定行銷目標
依照不同平台特性擬定策略
設定目標
透過社群平台數據洞察、輿情工具、市調等找出受眾關切議題
社群聆聽
針對受眾關切議題產製內容，需不斷嘗試找出適合的內容形式
產製內容
配合貼文數據成效找出可優化方向
後續優化
找出合適經營方向並持續產出及與受眾互動
持續互動
社群行銷經營策略

品牌若是持續進行上述步驟的循環，便有機會逐漸拉近粉絲與品牌的距離。如寵物用品品牌《毛時光Maomory》，對於品牌的Instagram經營上，起初貼文互動成效普通，但藉由不斷與受眾互動、洞察受眾喜好，花費一個月的時間找到品牌粉絲感興趣的內容。隨後他們推出動物冷知識等手繪插畫貼文，不僅強化品牌本身對於動物喜愛的理念及形象，同時也將這些知識性內容傳遞給消費者，讓他們

圖6.4《毛時光Maomory》透過洞察受眾喜好，找到Instagram經營方向，快速累積品牌粉絲

在之後半年的時間，Instagram追蹤人數快速突破兩萬六千人，成為品牌傳散訊息的重要管道之一。

提高互動力：進行社群平台整合

品牌必須進行社群平台整合，讓官網與社群相輔相成，各通路提供一致的消費者體驗。你可以透過市面上的社群聆聽工具進行社群平台的訊息整合，而SHOPLINE亦有Message Center訊息整合中心，提供品牌官網、社群（LINE、Facebook、Instagram等）訊息整合，一站式回應顧客訊息，強化品牌互動力，同時提高回覆效率。

此外，品牌也可以導入聊天機器人（Chatbot）來協助客服端的初步回覆、訂單查詢、產品推薦等，縮短消費者購物流程，達到「用互動拉近品牌與消費者距離」之效。

社群電商近年來逐漸受到各大品牌的重視，透過這股商機創造龐大獲利，是各個品牌共同目標。品牌賣家可以透過圖6.5的方式，持續經營社群，與消費者進行雙向有效的溝通，不斷優化自己品牌在社群上的購物體驗，藉此讓品牌社群累積的流量，成功轉為獲利。

圖6.5 品牌賣家掌握社群電商三大優勢方法

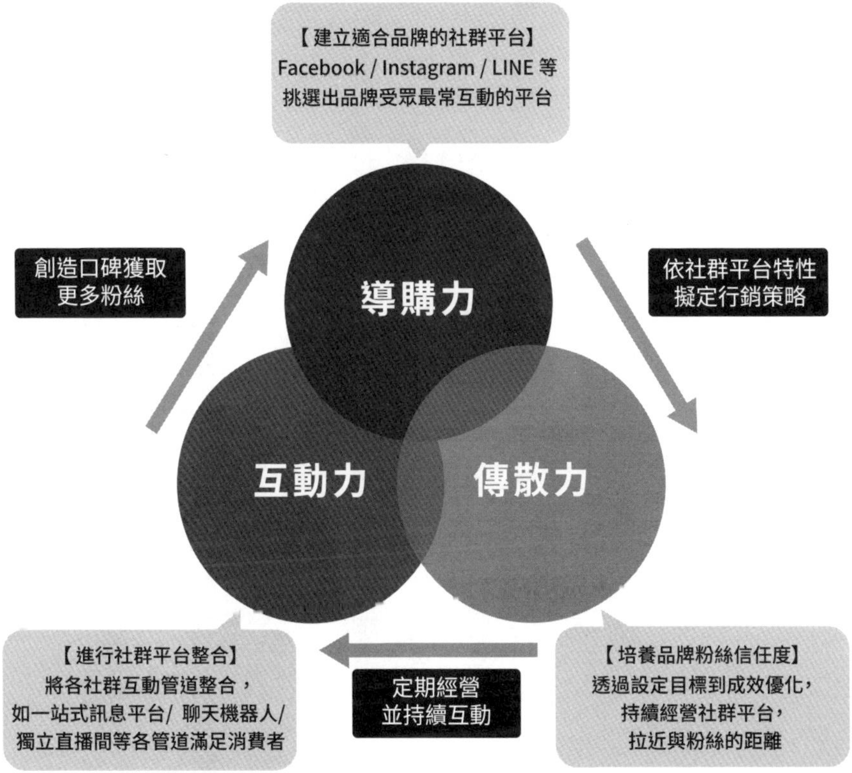
【建立適合品牌的社群平台】
Facebook / Instagram / LINE 等
挑選出品牌受眾最常互動的平台
創造口碑獲取更多粉絲
導購力
依社群平台特性擬定行銷策略
互動力
傳散力
【進行社群平台整合】
將各社群互動管道整合，
如一站式訊息平台/ 聊天機器人/
獨立直播間等各管道滿足消費者
定期經營並持續互動
【培養品牌粉絲信任度】
透過設定目標到成效優化，
持續經營社群平台，
拉近與粉絲的距離

22 如何利用直播四大優勢強化導購？

高互動地精準導購，營造品牌熱賣聲勢必備利器

社群電商的崛起，增加了消費者購物的多元性，在產業快速發展下，隨之興起的便是極具導購潛力的「直播導購」，這種高互動、高即時性的銷售方式更能滿足現在消費者的購物習慣。除此之外，配合社群中的意見領袖（Key Opinion Leader，簡稱KOL）推薦，加強了消費者的信任感及購買意願，讓直播導購商機成為品牌電商的兵家必爭之地。

直播導購的優勢及趨勢

直播導購其實並非近一兩年才出現的行銷方式，只是伴隨著逐漸成熟的社群電商生態，讓它因此備受重視。我們認為直播導購受到消費者青睞的主要原因，在於下述的四大優勢。

高精準度

直播導購具有高度精準度，這與「社群」有莫大的關係。一般直播導購會在社群平台直接開播（如FB、IG直播等），或於社群中分享第三方直播間連結。不論哪種方式，接觸消費者的管道都是透過「社群」為主，而用心經營社群的品牌，消費者對於該社群的忠誠度也較高，並且願意在社群上進行頻繁的互動，同時他們也是品牌精準的受眾。

高可信度

多數消費者對網購都會存在「實體商品跟照片會不會有差異？」的想法，直播導購正好能實際展示商品給顧客看，並且可於直播時解答他們的疑難雜症，提高可信度。此外，若是直播主為KOL，屬於該KOL的粉絲也會更加認可商品。多數KOL在選品上謹慎嚴格，所以有KOL推薦時，該商品通常也會有一定的口碑。

高容易度

看直播時，常會看到直播主請要購買商品的觀眾在底下留言「+1」等關鍵字，再透過私

圖6.6 直播購物具有四大優勢

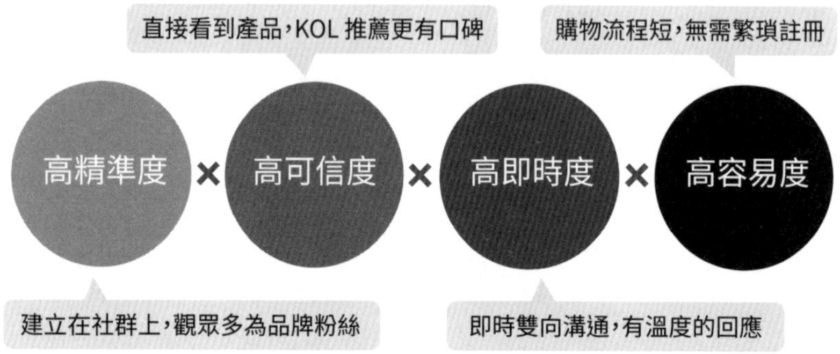
直接看到產品，KOL 推薦更有口碑
購物流程短，無需繁瑣註冊
高精準度
×
高可信度
×
高即時度
×
高容易度
建立在社群上，觀眾多為品牌粉絲
即時雙向溝通，有溫度的回應

訊告知購買方式或連結等。此種購物路徑不需要註冊額外的帳號，只需於開播時輸入文字，流程快速又簡單，大幅縮短消費者購物流程及難度。而SHOPLINE的社群購物功能就有提供Facebook +1直播接單等功能，讓消費者可以邊看邊買。

高即時度

直播導購屬於一種「零時差」的購物方式，讓消費者有身歷其境的購物體驗。透過雙向溝通互動，提供「有溫度」的回應，縮短品牌與消費者的距離，直播主還可以透過個人魅力營造氣氛，讓消費者感受到愉悅而下單。

直播導購的形式

目前常見的直播銷售形式，大致上分為兩種：

「店主開播」及「KOL開播」。

店主開播

為賣家自行開設直播，直播主可能是品牌的負責人、行銷人員、專職直播人員等，通常採有腳本及無腳本的形式進行。

一、**有腳本流程，觀眾問題詢問**：主要為賣家已排定「要推廣的商品」，進行該商品詳細解說，並回答該商品相關問題為優先，著重在商品推廣。通常以新品發布、熱賣商品推薦為主軸，會於開播前在各平台中預告，提醒消費者可以準時收看。

二、**無腳本流程，觀眾問題互動**：以「互動」為主，販售商品有時會以「當下觀眾需求為考量」，像是如果觀眾留言「皮夾」後，賣家就會視情況決定是否要賣「皮夾」。此方式最大的優點就是「優惠」，由於賣家沒有事先決定要販售哪些商品，當觀眾提出後，可能就會配合限時下訂享折扣來刺激買氣，如「時限之前留言抽獎品」等。通常品牌促銷會以此方式進行居多。

KOL開播

KOL開播的最大特點就是他們本身「自帶流量」，形式上通常以「與粉絲聊天」為主，再陸續帶到商品並詳細介紹。同時KOL也會為品牌商品背書，推廣給自己的粉絲。

1. **直播主本身是KOL**：KOL透過直播來加速他們流量變現的速度，可在直播中與粉絲直接互動，導購力極強。近年有越來越多KOL紛紛投入直播導購的行列。
2. **賣家邀請KOL共同開播**：品牌也會邀請KOL共同直播，多會配合該KOL的風格來進行。若是品牌行銷預算有限時，建議可找微網紅合作，他們在自己的社群中通常有高度向心力，導購力未必較大型KOL遜色，因此找到適合品牌的微網紅合作也能創造好業績。

總結來說，直播導購擁有「線上的快速，實體的服務」特點，像是歷年中國雙十一，參與直播導購的店主就已超過五〇%，創造了千億台幣的銷售佳績，可見直播導購強勢來襲已完全體現在各大購物節之中。

當品牌有意願要透過直播來導購，必須規劃一個詳細的計畫及「停損點」，才能確保在拓展直播導購的銷售管道時，能有明確的目標及方向，讓品牌能夠過直播創造更多收益。

23 如何進行全通路線上線下整合的佈局？

以「消費者為出發點」佈局通路，打造O2O品牌生態圈

時尚品牌Zara的母公司Inditex於二〇二〇年六月宣布，預計在兩年內關閉全球最多一千兩百家實體門市，且近期將重心轉往數位端銷售，期望到二〇二二年，線上銷售能占整體銷售額的二五％。

這則消息是否讓你認為實體門市的營運不再重要？其實不然，底下我們將深入探究箇中原因。以Inditex為例，現任董事長兼首席執行長的巴勃羅・伊斯拉（Pablo IslaÁlvarezde Tejera）就表示，實體門市的關閉為不同因素導致，將透過合併原關閉店面、於熱鬧商圈等優質地段增開大型門市，同時投入資金打通線上線下的資源整合，期望能夠在「任何時間、地點為顧客提供不間斷的服務」，在策略上進行「全通路」（Omnichannel）的佈局調整。

《哈佛商業評論》於二〇一七年報告中提到，[2]經營全通路的品牌，其顧客每次在商店

中的平均花費比經營單一通路品牌高出四%，且在線上購物時的花費更高出一〇%。同一項調查也表示，經營全通路品牌的顧客忠誠度較高，在他們與品牌互動後，六個月內造訪實體商店的頻率提高了二三%。可見全通路經營不僅能提升消費者線上及線下的花費支出，也提高了消費者的品牌忠誠度。

多通路不等於全通路

全通路已是國外零售業的主要思維，但並不是擁有實體門市、官網、電商通路等銷售管道，就代表是全通路零售，其實那只能稱得上是「多通路」（Multichannel）。

有別於多通路，全通路最重要的一點在於「各個通路之間的整合」，不管是在資訊、會員資料、購物紀錄等，線上線下彼此相互整併（Online to Offline，簡稱O2O），以「消費者為出發點」，讓客人不管是在哪種通路上，都能有良好的購物體驗。

著手O2O全通路佈局

你若想進行全通路零售，可以先思考一個問題：「在你的產業當中，有哪些消費行為改變是長期的？」然後針對具有長期改變的行為投入更多資源。好比現今嬰兒潮世代（五十五～

圖6.7 多通路與全通路差異
（本圖僅為示意，並未標示出兩者所涵蓋的全部服務）

多通路

全通路

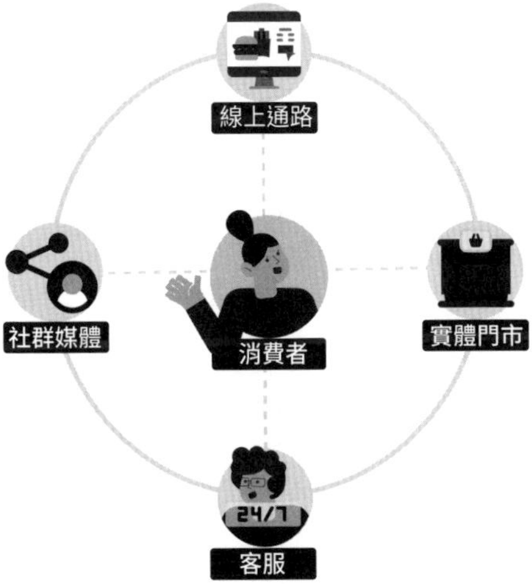

七十五歲）的消費者受到新冠疫情影響，開始會進行線上購物、訂餐等行為，這就屬於長期性的影響，因此便可調整線上通路的受眾溝通方式，來滿足這些消費者。

對於這些顧客行為的改變洞察，品牌勢必需要一套能夠「蒐集數據的銷售通路」及「後續分析工具」，才能明確知曉哪個通路行為有具體改變，並對該通路進行調整，減少人力及時間成本的耗費，在每一個通路中滿足顧客。

打造以消費者出發的品牌生態圈

既然品牌需要蒐集數據及後續分析來規劃全通路佈局，究竟該使用哪些系統呢？根據SHOPLINE輔導眾多品牌的經驗，我們認為需要以下五種工具：

一、實體門市管理系統（如POS系統）
二、網店數據分析系統
三、O2O資料整合功能
四、分眾行銷功能模組
五、多元客服回覆功能

舉例來說，當你擁有實體門市，便需要有能處理線下訂單功能、同時也可以蒐集線下顧客名單的系統，此時「實體門市管理系統」就成了關鍵。而品牌擁有電商官網的話，也需要具備後台分析功能，讓品牌快速了解整體線上銷售概況。再者，當品牌擁有線上及線下通路時，兩者之間的商品庫存、會員資料同步更是至關重要的環節，此時O2O資料整合功能就顯得至關重要。

最後，透過這些整合後的數據分析進行分眾行銷，將品牌資訊在不同的管道傳給不同的族群，提供良好順暢的購物體驗，並配合後續客戶服務來強化品牌好感度，正是品牌獲利的最後一哩路。

針對以上五點關鍵，SHOPLINE提供的全通路整合方案能夠解決這些問題，如零售平板POS系統除了結帳功能，系統也提供完善進銷庫存管理系統，能隨時更新線上、線下的商品與庫存動態，並支援虛實顧客的資料整合，方便門市與官網同步會員資料。

此外，網店後台的Shoplytics數據分析中心也提供「商品」、「顧客」、「訂單」等分析報告，將商店的重要指標數據呈現於儀表板當中，讓賣家能夠一目瞭然重要數據，有效監控每天的營運狀況。

有了這些分析報表，便可針對不同族群進行分眾訊息推播，賣家可用智能廣播中心來進行自動化訊息設定，透過多管道（Facebook Messenger、LINE等）傳送客製化的會員專屬訊息，精準地與顧客溝通，同時也有支援一對一聊天功能、社群聊天機器人等。品牌只要安排好客服人員，便能一站式處理各社群平台訊息，提高客服效率，提升全通路經營的客服品質。

綜合上述，全通路零售佈局能夠讓品牌經營更加穩定，以SHOPLINE店家《慢溫》為例，便是使用全通路整合方案來打造品牌良好的購物體驗。據其創辦人分享，他們原先使用的系統無法做到O2O整合，時常需要人工同步線上線下資料，而SHOPLINE提供的服務解決了他們在人力資源的負擔。此外，他們也透過數據分析的功能來協助他們快速檢視銷售狀況，加速行銷宣傳的規劃效率，同時配合網店會員系統應用，將顧客分眾經營，打造屬於品牌的生態圈。

圖6.8 透過SHOPLINE O2O全通路功能，可滿足實體門市管理、網店數據分析、線上線下資料整合及客戶服務等

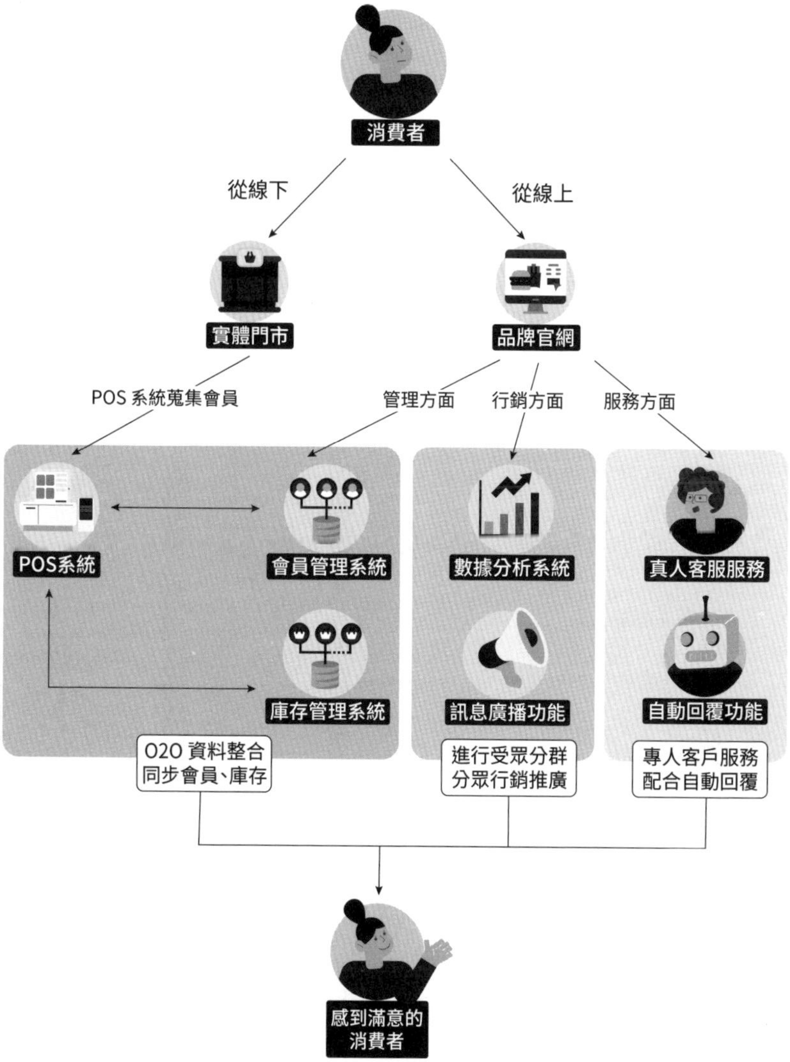

24 如何跨境銷售「賣」向海外？

把握東南亞跨境五大優勢，突破單一市場紅海瓶頸

隨著品牌經營電商的風潮，使得台灣電商市場趨向飽和，跨境電商便是品牌能夠突破市場紅海的利刃，但並不是做好多語系官網、串好金物流或是上架國外大型電商通路，就能輕鬆落地海外，而是從商品的適合度、營運環境差異、各國政策文化差異，到在地金物流等問題都須謹慎思考，才能成功佈局跨境電商市場。

台灣跨境電商的發展及趨勢

根據全球管顧機構 Accenture（二〇一五）的預估，[3]到二〇二〇年全球線上購物人數將超過二十億，他們的在線購物消費將達到三．四兆美元，佔零售總額的一三．五%。加上全球市調公司 eMarketer（二〇一八）的報告中提到，[4]預估二〇二〇年全球跨境電商銷售總額

將達一兆美元，與二〇一八年相比，成長超過五〇%，其中亞洲地區就佔了近四八%，可見跨境電商的市場潛力。在不久的將來，全球的網路用戶也都將會是跨境電商的消費者，成為網購交易的新常態。

根據SHOPLINE台灣統計合作店家資料，二〇二〇年跨境交易額成績亮眼，持續接獲的海外訂單遍佈全球十六國，從台灣出海的賣家數量較二〇一九年增加近五百間，其中跨境至馬來西亞、新加坡、泰國等地都有三〇%以上增長。

SHOPLINE觀察表現卓越的跨境品牌，發現「在地化運營」是海外業績增長的關鍵，經營在地化有成的店家，每月訂單成長可翻三倍以上。

台灣品牌跨境東南亞的優勢

亞洲市場是電商產業成長最快速的一洲，其中以馬來西亞、新加坡、泰國、越南等地有較大的發展潛力，可作為台灣品牌跨境東南亞地區的選擇。我們認為台灣品牌在當地具有以下五點優勢。

- **地緣優勢**：東南亞消費者若是購買台灣品牌商品，不用漫長的貨運等待就能拿到商品，相對吸引當地消費者。
- **品質認可**：東南亞地區當地消費者普遍肯定台灣品牌的商品「CP值」，其生產、製造及研發能力，都深受當地消費者相當程度的認可。
- **語言文化**：台灣的語言、文化與東南亞部分國家相近（如星馬地區），要跨境至這些國家時也是相對具有優勢。
- **行銷成熟**：台灣品牌擁有成熟的品牌行銷經驗及電商經驗，對當地消費者來說商品CP值也較歐美及中國商品來得高，可與當地品牌產生差異化，補足當地市場缺口。
- **商品匹配**：台灣商品與東南亞市場的商品匹配程度高，如尺寸、規格等都鮮少需要重新調整，因此也降低了商品不適應跨境市場的可能。

而我們也整理了東南亞四國的跨境策略給各位參考，詳見表6.1。

《淡果香》——成功跨境東南亞的台灣品牌

《淡果香》成立於二〇一六年，以「天然、健康、零添加」的果乾水相關商品在台灣闖

◎表6.1 東南亞四國消費者網購習慣整理

	馬來西亞	新加坡	泰國	越南
市場簡述	低難度、市場大，適合初期跨境	市場成熟競爭激烈，USP需明確	流行美妝為主，需著力商品素材與關稅法規	出海門檻偏高，適合跨境後期
消費者輪廓	•3300萬人口，華人佔近三成 •多元語言	•600萬人口，華人佔七成 •多元流動文化	•7000萬人口，華人僅15% •「注重門面」影響購物心態	•9000多萬人口 •青壯年佔七成以上 •女性消費力大增
金流物流	•線上轉帳／貨到付款 •信用卡持有比例低 •地幅遼闊，需把控物流	•信用卡持有比例高 •國際支付工具多 •物流體系覆蓋全國	•Online Banking與貨到付款 •關稅法規較繁雜	•貨到付款比例超過九成 •信用卡持有比例低
購物偏好	•樂於嘗試新品牌 •在意商品CP值與免運 •雙十二／黑五是大檔期	•消費力高但仍重折扣 •注重口碑／認證 •仰賴WhatsApp客服	•偏好先聊天再下單 •愛看圖／影片，不愛看字 •社群和KOL黏著度高	•偏好先聊天再電話下單 •偏好看影片和直播 •客單價不高於新台幣3,000元
行銷心法	•簡中／英雙語廣告測試 •避開平日5-7pm通勤時段 •多用KOL＆影片行銷	•簡中／英雙語廣告測試 •素材風格簡明 •行銷需避免太過文青小清新	•喜好繽紛可愛素材 •調性極端，極度搞笑或感性 •多用KOL／社群導購	•與台灣的差距大，需注意產品定位與定價 •簡短越語文案搭配emoji致勝 •素材設計可多使用人像

出知名度，近年來也開始佈局東南亞跨境市場。創辦人Roy說道：「我們首站選擇馬來西亞，由於在當地約有兩成的華人，且新馬華人語言和文化與台灣更相近，加上他們對於台灣的流行娛樂文化也很憧憬，對台灣比較不陌生。」

SHOPLINE跨境顧問也在行銷層面上為《淡果香》帶來幫助，從建議他們在跨境初期應先將重點聚焦在果乾飲品，待客源穩定後再補上其他商品，到引導品牌重新思考符合當地消費習慣的商品，以找到獲利最大化的組合，協助他們站穩海外市場。另外，團隊也協助媒合當地網紅公司，為他們制定了預算內的ＫＯＬ組合順勢推廣商品，省去與網紅來回溝通的成本，大

圖6.9 SHOPLINE跨境顧問協助《淡果香》媒合當地市場網紅，強化當地宣傳

藉由網紅合作推廣給當地跨境市場消費者

幅降低他們的人力及時間成本。

在與跨境團隊的配合下，《淡果香》每月跨境銷售量都有穩定的成長，每週訂單成長都較前一週上漲四〇%左右。創辦人Roy認為，SHOPLINE在整合第三方的合作資源及專業的在地化經營建議，能為他們找出最適合品牌當地發展的策略，創造邁向全球電商市場的舞台。

第6章　註解

1 https://2019.10ecommercetrends.com/

2 https://hbr.org/2017/01/a-study-of-46000-shoppers-shows-that-omnichannel-retailing-works

3 https://www.accenture.com/cn-en

4 https://www.emarketer.com/Report/Cross-Border-Ecommerce-2018-Country-by-Country-Comparison/2002207

常見問題與迷思

Q 現在社群平台（如 Facebook）的互動、觸及都相當低，品牌還有經營社群平台的必要性嗎？

A 很多品牌主都認為社群觸及偏低，感覺經營上的效益不大，但在全通路的時代，多一個銷售管道接觸消費者，便是提供他們更多的購物選擇。儘管社群的流量紅利早已不復存在，但社群與電商的結合卻迎來了新的發展趨勢。

因此，在經營上，建議可針對不同社群平台受眾特性（可參考第二十一單元的圖6.2）來擬定內容，並將其與官網連動，創造多元的銷售管道，達到全通路的整合。

Q 如果先前品牌沒有開直播的經驗，那在一場直播銷售的過程中，品牌該注意哪些環節？

A 一場直播大致上分為前、中、後三個階段。根據SHOPLINE直播業績銷售良好的店家分享，在直播前，你必須先搞清楚自己「為什麼」要開直播，不能為了開而開，而是要將此檔銷售的商品了解透徹，再去進行後面直播內容的規劃。

而在直播期間，則要著重在與觀眾的互動，並如實陳述出商品的特色及評價，不能把不好的東西也演繹成好的，要真實才能獲取觀眾信任。

在直播結束後，則是要透過下播後的數據進行反思，哪個環節的留言、分享數下降，哪一段的下單效果降低，都需要經過數據觀察來逐一進行優化，讓這場直播的經驗成為下場成功的養分。

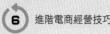

Q 想經營跨境電商外銷國際，一定要先做大型平台才做品牌官網嗎？如何交乘運用兩者來產生綜效？

A 大型平台優勢在於導流，品牌官網優勢在於創造忠誠客群、提升覆購，兩者並不牴觸，同時運行能產生一加一大於二的效益。你可以透過在地節慶或電商大節，將大型平台、社群、KOL端收集到的流量與新客，同步導向品牌官網，再適時推出符合客群的深度內容、會員禮金、免運促銷折扣等客群留存的多種變換方式，創造比單獨運營平台更長遠的價值。

想要跨境贏得消費者的心，不能只在平台等著被搜商品關鍵字，與當地競品同時被比價。切勿將「價格」當作唯一或首要的差異化要件，如何展現更多品牌精神、凸顯商品特性，與在地消費者產生直接性的連結，將會是跨境行銷的關鍵。

第 7 章

成功品牌案例分析

創業之路上，凡走過必留下「累積」，過來人的經驗往往是最寶貴的建議。本章將透過SHOPLINE訪談台灣在地品牌的經營經驗，以及他們在各產業中的觀察、洞見，解析已被成功執行、驗證的營運策略，給予創業者最有用的實戰參考依據。

SUCCESS

案例 1

黃阿瑪的後宮生活

● 多角化社群佈局打造品牌ＩＰ，上架電商讓百萬流量穩定變現

黃阿瑪的後宮生活 Fumeancats

關於品牌

《黃阿瑪的後宮生活》，起初是由兩位貓奴才志銘與狸貓，於二〇〇九年創立的Facebook粉絲專頁。從收養了名為「黃阿瑪」的流浪貓後，陸續加入了七隻貓咪，在網路上不斷的更新與貓咪互動的趣味內容，吸引了超過一百多萬粉絲的喜愛，成功將寵物型網紅打造成品牌ＩＰ（Intellectual Property），近期也不斷推出相關周邊商品的開發及線下策展，觸及更多潛在的粉絲，快速將網路流量變現，成為台灣家喻戶曉的知名ＫＯＬ。

他們的成功秘訣

- 以品牌思維經營網紅IP，多元社群經營擴大粉絲族群。
- 推出品牌商品、展開異業合作增加多元收入。

品牌成功心法

多角化社群佈局，透過品牌思維產出IP

「我們一開始一直在考慮它的延續性，就是拍貓咪影像這件事到底有沒有辦法長久地延續下去，後來我們決定以經營品牌的方式來執行。」

對於網紅產業的經營，尤其是毛小孩類型的網紅，會因牠們的壽命有限及長大變老，不能一直停留在大家喜愛的階段，使牠們無法一直出現在螢光幕前。恰好志銘與狸貓原本就從事影像相關行業，其中狸貓又擅長繪畫，因此他們便想到了為品牌加入全新的元素——「插畫」。同時也導入了「品牌」經營的思維，創造出《黃阿瑪的後宮生活》專屬IP，將八隻貓的故事長久延續。

爾後，他們將經營方向改成以影片向觀眾呈現貓咪的真實模樣，並將沒拍攝到的有趣貓咪互動以插畫呈現，粉絲本身也了解每隻貓咪各自的個性及形象，使貓咪的角色輪廓更為豐厚立體，而粉絲們也很快就能接受「插畫」這項元素。隨著內容更為多元，志銘與狸貓也嘗試搭配不同的社群管道經營，讓《黃阿瑪的後宮生活》從原先的粉絲

圖7.1 《黃阿瑪的後宮生活》透過多角化社群經營增加曝光管道

專頁轉型成品牌，加速品牌ＩＰ的擴散。

對經營者來說，多元管道雖代表著獲取流量曝光的來源增加，但也代表著需要在不同平台上做出更多的區隔。於是他們以不同的策略經營社群內容：

- **Facebook粉絲團**：由於《黃阿瑪的後宮生活》本身為Facebook起家，已累積龐大的忠實粉絲，因此他們決定將Facebook作為重大訊息的公佈欄，以及YouTube頻道的導流站，此外，同時會發揮其影響力，轉發毛孩送養文，號召更多粉絲關注流浪貓資訊，累積超過了一百三十七萬粉絲。
- **Instagram**：應用Instagram圖像化的優勢，他們將兩人平時與貓咪深入互動的內容及趣味插畫漫畫放入其中，並透過限時動態隨時更新貓咪動態，吸引了超過一百萬的追蹤者。
- **YouTube**：影音頻道則為貓咪日常生活影片及主題式的動畫影片，透過日常有趣題材吸引大眾，再藉由Facebook的導流，讓粉絲們一次追蹤三種不同的管道。目前頻道持續累積了超過一百五十萬訂閱者，成績相當可觀。

IP延伸周邊、異業合作創造商機，成功讓流量變現

「最開始做這些周邊商品的時候，每一個都是我們自己想要的東西，也覺得粉絲也都接受跟喜愛這些插畫，才決定開始製作商品。」

隨著貓咪們的特色被大眾認識，以及後宮各自的角色定位確立，插畫也慢慢衍生出周邊商品，成為「瑪瑪商行」經營的基礎。從第一個周邊商品紙膠帶，陸續開發出多款商品，例如槌肩棒、抱枕、手機殼等。當周邊商品數量增多時，團隊也開始規劃如何透過網站的形式，向未來可能異業合作的廠商展示他們的品牌特色；另

圖7.2 透過IP延伸出的周邊商品，於瑪瑪商行販售

一方面，團隊也希望開始以電商的方式，將商品展示於一般消費者面前。

在《黃阿瑪的後宮生活》決定上架電商後，SHOPLINE提供的網路教學資源及即時線上客服，加速了他們建立品牌電商官網的速度。而本身從品牌IP延伸出來的周邊商機，也吸引了如港澳、東南亞地區的粉絲們，能透過官網讓海外的粉絲能更簡單且方便的購買周邊商品。

此外，他們也曾透過插畫人物和不同產業進行異業合作，例如曾與春風衛生紙、清心福全飲料店、HOYACASA等知名品牌進行IP聯名，不僅為雙方粉絲帶來了大量的品牌曝光，也都取得了相當漂亮的銷售成績。

最後在二〇一九年，同時也是《黃阿瑪的後宮生活》成立的十週年，以此為主題策劃了一系列的快閃店展覽，提供大型的阿瑪裝置藝術讓粉絲拍照，將線上流量導至線下進行互動，並在快閃店展售了多款周邊商品，致力成為像Hello Kitty等全球知名的品牌IP。

案例 2

HiWalk海邊走走

注重線下體驗行銷及線上口碑曝光，三策略打通跨境電商市場

關於品牌

《海邊走走》是由創辦人游盛凱（Zac）於二〇一四年創立的手工蛋捲品牌。品牌緣起於Zac家鄉淡水，從人們在淡水沿岸散步吃喝的台灣生活意象出發，打造出富含文青意象的伴手禮品牌。《海邊走走》透過「有餡料」的蛋捲做出市場差異化，堅持選用天然原料，並與富含溫度的在地小農、社區媽媽合作。品牌成立至今，已在台擁有超過十四個銷售據點，並成功銷往英國、馬來西亞、港澳等地，更成為日本女星渡邊直美、歌手張宇、香港造型師黃偉文等名人推薦的伴手禮品牌。

他們的成功秘訣

- 差異化奠定市場定位，從理念連結意識加深品牌形象。
- 線下實體店面主攻體驗行銷，線上經營熟客累積口碑。
- 深入了解各地市場，銷往海外實現跨境電商佈局。

品牌成功心法

創新突破創造「差異化」，連結在地意識及文創概念加深品牌印象

「歷經多次選品嘗試與失敗，創辦人Zac突然想起小時候家裡常常會收到品牌蛋捲，吃著總是空心的蛋捲，想著也許加

圖7.3 《海邊走走》是台灣最早以「有餡料」蛋捲切入市場的品牌

入餡料會有不同的結果？」

《海邊走走》品牌公關黃乙軒（Danial）轉述品牌創立的艱辛。創辦人Zac在創業初期也曾嘗試過肉乾、鳳梨酥等人氣伴手禮，但市面上已有許多知名百年伴手禮品牌，要想成功讓大眾認識新銳品牌，「差異化」與「獨特性」是必不可或缺的重要關鍵。隨後Zac發現到了蛋捲這個品項，並嘗試以「有餡料」蛋捲來打破市場對蛋捲的想像，成為有餡蛋捲概念的開創品牌。

鎖定商品後，Zac以天然食材與手工製造這兩項訴求，維持好品質為品牌打開市場的契機：

一、**選用天然食材**：一般人挑選伴手禮時，為呈現送禮誠意往往選擇「高品質」的商品，加上近幾年來大眾對健康意識的崛起，Zac選擇與在地小農合作，並以天然安佳奶油、台灣洗選蛋等精選原料製作，堅持不加香精或防腐劑。高品質不僅讓蛋捲風味更佳，也加強了消費者對品牌質量的信任。

二、**堅持手工製造**：《海邊走走》以「手工製造」來保證蛋捲的品質，而手工所需的大量人力，Zac選擇將這些工作機會提供給出身地在淡水的當地居民。這樣的工作機會造福了地區媽媽與二度就業婦女，也讓海邊走走多了人的溫度。

Zac從兩項品牌訴求出發，結合「在地小農」與「扶植社區媽媽」，深化品牌在地意識，並在二〇一四年時，以「訴求天然的文創食品品牌」進駐松菸誠品，拓展實體門市通路，宣傳品牌獨有的「有餡差異化」及融入深耕在地的品牌形象，為品牌注入「有溫度」的靈魂，打造兼具品質與文創的獨特品味，開啟品牌躍升台灣知名伴手禮的「無限可能」。

著重線下通路的體驗行銷，建立品牌官網傳遞線上好口碑

「起初展店是方便更多消費者選購，卻發現雖然在台北有這麼多間分店，但對外縣市的朋友或是外國觀光客來說，想再回購卻不方便，因此我們有了開啟電商生意的想法。」

《海邊走走》先從淡水出發，以線下實體的地攤、市集、專櫃起家，藉由食品於實體的優勢，推出體驗活動引起消費者好奇並吸引購買。他們曾在松菸誠品現場做蛋捲，藉由蛋捲的製造和香氣成功吸引大量民眾駐足，憑該活動讓當天銷售業績顯著提升。

同時也透過媒體分享，觸及到港澳日韓不同地區的觀光客，如在二〇一四年香港造型師黃偉文於個人Instagram讚賞《海邊走走》為「來台必買」伴手禮，更是讓《海邊走走》在香

港一炮而紅，建立起與香港消費者接觸的橋樑。

另一方面，在營運穩定後，《海邊走走》也陸續規劃線上通路的佈局，持續以「有餡的蛋捲」為品牌宣傳賣點，而他們在SHOPLINE開店後，也因官網的成立為各地消費者帶來更便利的購買路徑，使網路營收達到整體的三分之一，成功從線下拓展到線上。品牌公關Danial表示，目前約有三到四成的顧客會在實體試吃後，再回到官網購買。

三大策略出海跨境市場，拓展品牌全球商機

「還記得在做跨境電商的過程中，印象深刻的事是香港站做了全店免運，首月就有破百萬的香港訂單，卻因大量訂單的關係發生客服問題。」

Danial提到，品牌隨著知名度提升，開始規劃海外市場的開發，過程也遇到了一些挑戰，因此創辦人Zac在跨境海外時，也下足了功夫，根據不同市場特性，策略性推廣品牌：

一、**跨境市場評估**：他們以自家商品特性是否符合當地民情作為評估目標市場的依據，因此初期他們鎖定香港與馬來西亞，主要是香港與馬來西亞的華人口味和台灣相似，商品落地後會較快被當地市場接受。

二、**打造多語系／幣值官網**：雖然外國顧客能透過品牌官網下訂單，但語言與金物流若無法符合當地習慣，海外顧客皆會難以操作使用。因此他們藉由 SHOPLINE 開設多語系網站，透過在地金物流及跨境團隊在地建議，整體節省八〇%的人力及溝通成本，讓《海邊走走》快速在當地落地生根。

三、**在地化行銷推廣**：為了被當地市場看見，他們初期藉由分析市場來研擬推動策略。起初利用 Facebook 做曝光，參考 SHOPLINE 跨境團隊的社群經營建議，洞察當地文化及發掘當地的「梗」來發想素材，待收集到基礎名單後，再用網路廣告對受眾精準投遞廣告，成功走進在地市場。

圖7.4　《海邊走走》打造不同語系、貨幣的官網，打通品牌跨境銷售通路

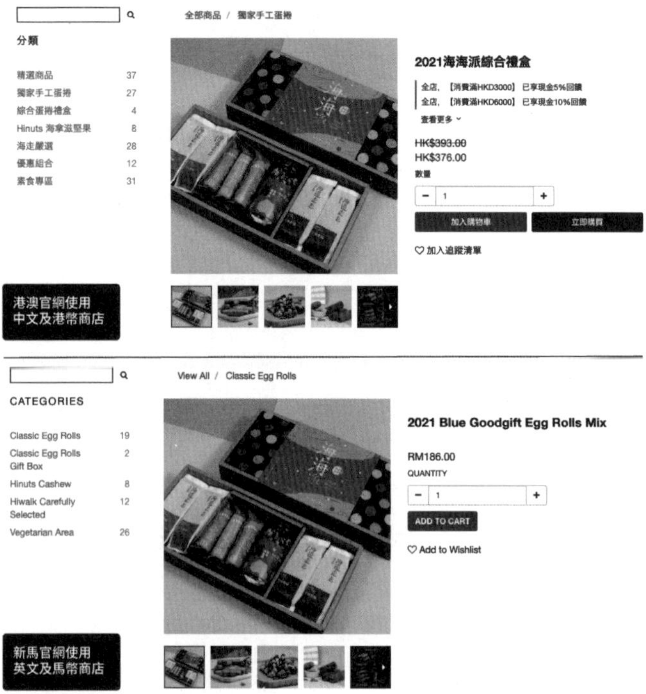

案例 3

WEAVISM織本主義

● 視覺設計強化品牌記憶，全通路佈局深化顧客體驗

關於品牌

《WEAVISM 織本主義》，是由台南和明紡織三代接班人陳璽年（Tony）於二〇一五年創辦的台灣時尚機能服飾品牌。和明紡織是間具備國際級有機紡織標準認證（GOTS 5.0）的紡織廠，長期致力推動永續環保，因此 Tony 決定以自家優質環保紡織面料為基礎，將台南地方特色及流行服飾元素相融合，賦予紡織產業全新的生命，帶動傳產轉型，呈現出品牌獨有的時尚色彩。

品牌成立五年期間，擁有一間網路商店、兩間實體門市據點、三間合作寄賣店，並成功打入中國、日本、美國、歐洲市場。同時，他們也是臺

北時裝週的常客，推出超過兩百多款時尚原創單品；也曾與日本遊戲《侍魂》、《金色三麥》等品牌聯名，以年輕有能量的姿態登上時尚舞台。

他們的成功秘訣

- 秉持實驗精神，用「數據」調整商品找出市場定位。
- 融入台灣經典元素，由「內」而「外」創造品牌記憶點。
- 深化顧客體驗，線下通路強化品牌體驗帶動線上銷售。

品牌成功心法

快速投入市場，即時反應回饋

「經營品牌有一個很重要的觀點是，行銷企劃或品牌規劃都應該直接丟進市場看反應，再來思考該怎麼執行。像是有許多人做品牌時都會依據過往經驗，或是先行規劃好步驟一到十再執行，但很有可能你從第一個步驟就做錯了，那後續執行下去其實蠻浪費時間的。」

Tony認為市場就是最好的導師，因此將商品推出後就快速地透過Facebook及Instagram廣告投入市場取得回饋，目前至少每月會推出兩、三個 Idea 進行，配合成效來調整內容素材，延續成效好的主題內容，優化成效較差的內容。而 Tony 也從數據中發現，台灣顧客相比功能性更重視設計，所以便轉換原先產品思維，從「講究高機能性」調整為「凸顯品牌設計」，將產品設計作為核心，機能作為輔助來開發商品，滿足市場真實需求。

《織本主義》透過「廣告投遞」→「數據收集」→「調整優化」→「商品定位」的流程，打造出品牌營運的正向循環，能順應商品迭代快速的時尚產業。業界通常在新品開發設計週期為四到六個月，Tony 也提到，雖然款式會換，但印花或設計部分可快速更改，透過此循環最快一個月內便能製作出商品投入市場，評估市場反應，並於每週會報上查核新產品回饋，兩週內能調整市場定位及行銷操作，使他們能逐漸站穩台灣市場。

提高技術門檻，創造由內（材質）而外（設計）的品牌記憶點

「起初是想為自家品牌的產品打出差異化，後來發現台灣人很重視『吃』這件事情，便決定以台灣在地食物為設計主軸。其中，虱目魚是台灣相當具有特色的品種，以此理念設計出一系列商品做為品牌的個性和特色。」

Tony 認為做時尚產業如何給顧客強烈的「記憶點」是關鍵。因此 Tony 在做品牌時也開始

思索是否可以融入一些台灣元素，當時他認為虱目魚不僅能引起台人的「共鳴」，同時也是台南地區的知名美食，因此決定以虱目魚作為品牌吉祥物，從衣著到配件至今設計了超過十多項系列產品。

除了以虱目魚為設計出發，《織本主義》結合原有先進的紡織技術，在商品材質上也採用台灣在地虱目魚鱗提煉出的膠原蛋白，主打其天然親膚、保濕、抗UV、消汗臭等

圖7.5 《織本主義》以「虱目魚」為設計主軸，打造多款具有記憶點的商品

功能，提高商品生產的技術門檻。舒適、機能性加上循環經濟的概念，使他們能與競品走出差異化，創造由內（材質）而外（設計）的強烈記憶點。

此外，《織本主義》也於二〇二〇年初在台北華山舉辦為期兩個月的快閃店，以《台灣特展》為主題，打造吸睛又玩味十足的生活單品，翻玩消費者對地方特產的印象。同時在疫情的衝擊之下，品牌塑造的「在地化」記憶點也因吸引了台南市政府的目光，邀請其作為新冠肺炎期間防疫宣導活動的台南代表商品之一；在衛福部長的高人氣促成下，其間銷量成長七倍之多。

針對分眾創造內容，滿足線下體驗帶動O2O全通路銷售

「我們在商品的介紹上會比一般的店來得更詳細一點，或是定期給予顧客相關性知識。而線上和線下的顧客族群也會有差異，了解這些族群特性並針對他們分眾創造內容，增強品牌記憶點。」

Tony認為品牌的成功建立在好的顧客體驗，因此在全通路零售的時代，他們選擇以線上及線下佈局品牌來滿足每個零售通路的顧客。線下銷售的受眾多為「體驗品質」為主的客群，並且大多願意購買高單價商品，因此Tony著重強化員工對品牌及產業的專業知識，提升員工推銷

能力，讓線下門市推銷可達七成的成交率，同時也能從實際互動中得到顧客反饋，將其數據化應用在品牌營運的正向循環中。

透過線下的參展（臺北時裝週、台灣味市集）等方式，他們觀察到品牌受眾多為三十五到五十歲、熱愛潮流文化的人士，便將該族群喜愛的內容為線上溝通素材，產製相關的品牌知識，以提高品牌內容深度。並藉由廣告投遞精準溝通受眾，打造品牌宣傳廣度，成功將線下流量導至線上。

最後結合SHOPLINE資料整

圖7.6 《織本主義》的實體門市透過平板智慧零售POS系統的使用，配合線上線下整合同步商品庫存、會員資料等數據，全通路深化顧客體驗

合的功能，線下銷售可透過平板智慧零售ＰＯＳ系統同步官網商品庫存、會員資訊等，數據化各通路顧客的消費行為，線上銷售也可透過後台的「數據分析中心」功能找出優化方向，全通路深化顧客體驗。這樣的Ｏ２Ｏ經營方式，讓他們近年業績穩定成長，成功打響品牌知名度。

案例 4

Relove ●全方位行銷傳遞品牌價值，多通路佈局創造年銷量突破三百萬瓶

Relove®
FEMININE SKIN CARE

關於品牌

《Relove》為標榜著「解決千萬女性私密煩惱」的保養品品牌，創立於二〇一二年。他們以設計精美的手洗精和私密處保養品為主打產品，擄獲年輕女性族群的心，逐漸累積品牌聲量後，研發多元產品及全通路佈局品牌，塑造獨特的品牌形象與定位。

《Relove》品牌創立近八年，就獲得高達七成以上回購率及九九％消費者滿意度，更在二〇一八年創造台灣地區日出貨一萬瓶、年銷超過三百萬瓶的好成績，在全台百貨、美妝店、賣場通路皆有販售，成為台灣手洗精市占率最高的品牌。

《Relove》近年也跨境銷往海外，讓品牌一舉躍上國際舞台。

他們的成功秘訣

- 商品設計三面向，擄獲目標族群芳心。
- 全方位行銷傳遞品牌價值，提升品牌誠信度。
- O2O全通路佈局，提升品牌滲透度。

品牌成功心法

原料、包裝、香料三面向傳達品牌主張，精品化商品打中目標族群

「其實台灣有很好的製造技術，但對塑造品牌比較沒經驗。」《Relove》產品開發經理Amber分享，一個商品的設計開發原則，不應該是由繁瑣的功能和特性堆疊而成，而是以分析目標族群的消費心理來思考，將品牌的概念融入在商品設計之中，因此他們透過三大面向來打造商品：

一、**原料面**：《Relove》表示，台灣私密保養品多為進口，但實際上眾多國際品牌皆是由台灣代工，產出原料為世界前三。因此他們利用MIT多項原料搭配進口的頂級原料製成女性保養品，如胺基酸私密清潔凝露採用日本紅柿萃取與法國蔓越萃取原料等，且商品都通過各項國際標準認證（ISO、SGC等），用頂級原料形塑品牌精品形象。

二、**包裝面**：在保養品產業中，台灣代工廠起訂量需超過十萬件才能客製化專屬風格的瓶器，

圖7.7　《Relove》從原料、包裝到香味，皆以精品化規格鎖定品牌目標族群

因此《Relove》在初期銷售階段以收集顧客建議為主。待品牌銷量穩定成長後，便將過往銷售累積的意見，以及參考歐美品牌的設計包裝，請廠商客製便利消費者的按壓蓋、電鍍金屬瓶蓋、類似洗面乳包裝的設計等，有別於傳統「藥罐子」的商品印象，讓消費者購買時不會感到羞澀。

三、**香料面**：《Relove》團隊親自前往南法香料工廠，尋求讓人有記憶點的香料原料。他們推出的手洗精共有四款香味，並依照普遍時下女性喜愛的香氣為主，使商品不單單是讓貼身衣物穿起來舒適安心，更能散發迷人香氣，呼應品牌的初衷「回到女生最初最好的狀態」。

全方位品牌曝光策略，拉抬聲勢吸引受眾

「我們在品牌曝光的核心目標為拉高品牌聲勢，以此作為品牌合作的基礎，是否有顧客成為會員，或再次購買商品成為回流客，都將成為訂立下一個階段的目標參考。」

Amber也與我們談到《Relove》的品牌行銷曝光，主要透過五種方式來觸及消費者：

一、**大品牌合作**：《Relove》曾與Vogue雜誌聯名合作隨書包套商品，並連續兩年成為國際時裝周快閃店特選店，此入場資格有預算也不見得能取得；也與台北美福飯店合作馬卡龍與Spa券、與星巴克合作聯名隨行卡，並於二〇二一年度即將與權威性法媒柯夢波丹合作一支私密清潔商品，是史上第一款與該時尚雜誌聯名的私密保養品牌商品。這些都是藉由大品牌效益來提高曝光量的操作。

二、**異業合作**：《Relove》同時也與受眾相似的品牌進行異業合作，如KP香水、唯白衛生棉、前身為東京著衣的YOCO Collection、薇佳醫美及Share香氛等，共享彼此消費族群，以提升品牌知名度為主，增加會員數為輔，達成共同效益。

三、**品牌形象影片**：《Relove》將市場放眼全球，立志成為國際化品牌，而想要說服消費者認同品牌，傳達價值的形象影片就變得格外重要。他們邀請不同膚色、種族的模特兒製作「清新」及「火辣」兩款形象影片，並邀請法國知名封面女郎及巴西Sosa舞后入鏡拍攝，將影片風格與國際接軌，兩支影片共計有一百二十萬以上觀看。

四、**找尋品牌代言人**：在說服消費者、加強品牌信任感層面，他們決定找尋品牌代言人。第一階段以轉單率為目標，挑選電商業界轉單率高的藝人曾婉婷合作；第二階段以不同年齡層對應不同代言人的方式，前期由藝人劉以豪代言攻佔年輕市場，後期洽談徐若瑄，吸引高端喜愛質感女性；最後階段再進行深度推廣婦幼衛教，邀請知名婦產科醫生鄭丞傑推薦，提高消費者信賴及安全感，藉此提高回購率。

五、**落實企業社會責任**：《Relove》自成立以來，便不斷回饋社會，除了定期捐出營業額一%予非營利公益團體外，也時常進行物資勸募及捐贈，並身體力行做公益，確保單位得到百分之百的幫助。他們曾與社團法人中華民國新思維生命關懷發展協會合作，援助流浪毛孩；也在疫情肆虐的時刻自產自送乾洗手液給各大學校、醫院等地，落實企業社會責任，在消費者心中樹立良好的品牌形象。

線下線上相互導流，多元佈局電商平台及實體通路

「我們在通路的佈局非常全面，從實體銷售據點到官網、各大電商通路都有不同的策略規劃。」

在全通路策略佈局，《Relove》以線下消費者引導到線上的方式進行。舉例來說，他們在二〇一九年參與臺北時裝週，並同時在台北信義香堤大道打造大型瓶裝造型快閃店面，用特色扭蛋機及限量專屬包裝的新款手洗精來吸引受眾，同時透過SHOPLINE智慧零售POS系統的使用，以電子化取代手動填寫會員的過程，快速集客收集名單，在活動檔期為品牌帶來將

近四千名的新會員。

此外，《Relove》在二〇二〇年大舉進駐線下通路，打破百貨慣例，成為全球第一個陳列在百貨公司一樓專櫃的私密處保養品牌，陸續拓展超過十家的專櫃據點。而《Relove》透過SHOPLINE O2O資料整合功能，有效管理網店及實體店會員資料，並依照不同通路特性，如MOMO適合年齡層較高族群、PCHome適合年齡層較低族群，在實體門市將商品擺放在加購品區等

圖7.8 《Relove》曾舉辦線下快閃店活動，透過POS系統快速集客，以電子化取代手寫會員，讓活動檔期帶來更多新會員的加入

操作。據他們分享，多元通路佈局讓他們後續回流的顧客平均客單價，皆不低於一千五百元，打造出不同通路的消費體驗一致性，全面提升品牌營運效率。

案例 5

女主角飾品

● 商品融合主題故事IP，打造品牌獨有社群生態圈

女主角

Nu. Zhu. Jue.

關於品牌

《女主角飾品》是由許中怡（Zoey）及姊姊許中涵（Taisa）於二〇一七年共同創立的女性風格飾品選物品牌，以東方古典美學為品牌風格，精心策劃不同主題故事打造沈浸式購物體驗，並將飾品作為載體傳達品牌理念，堅信「每位女孩都是自己生命故事的女主角」。近年來也投入原創商品的開發，與眾多設計師、品牌及台灣優質製造商合作，推出更多元的商品選擇。

品牌創立三年，成員從兩人成長至六人團隊，Zoey及Taisa也常受邀至各商業會議中演講，在二〇二〇年更從上百位競爭品牌中脫穎而出，拿

下SHOPLINE傑出風格品牌大賞最佳風格體驗獎金獎及評審團獎—年度最佳人氣品牌。此外，她們現已推出了十三款系列主題商品企劃，累積了超過一萬名品牌官網有效會員，成功創造出屬於品牌獨有的生態圈。

他們的成功秘訣

- 主題故事IP與商品結合，打造品牌風格定位。
- 深度社群經營，多管道創造品牌生態圈。

品牌成功心法

四步驟定位品牌風格，用故事IP創造沈浸式購物體驗

「老實說市面上賣飾品的人很多，所以品牌的訴求和受眾很重要，要打造獨特的差異化特色，才能吸引相對應受眾，在市場佔有一席之地，而我們最特別的就是用『故事』來賣商品。」

Zoey表示品牌主要透過四個步驟打造風格定位。第一，描繪受眾輪廓及興趣。《女主

角飾品》藉由親友訪談及售後問卷調查描繪受眾輪廓，結果顯示她們顧客族群為平均年齡近三十歲女性，包含大專院學生、社會新鮮人、上班族、年輕媽媽，在興趣方面喜歡電影、戲劇、攝影、展覽、旗袍、藝術設計等。

第二，用策展要素企劃主題故事。在詳細了解受眾輪廓後，她們針對受眾喜好來策劃主題，以「商品」、「題材」、「核心理念」三個策展要素進行發想，並依循書籍、電影等脈絡做靈感，撰寫深度內容，打造引人入勝的主題故事。此外，他們在行銷活動中也不跟風常見的促銷檔期（如雙十一），而是以品牌風格相關的題材做活動（如五四運動紀念日等），從商品故事到商品促銷都融進品牌風格之中。

第三，定調主題選品。擁有故事主題後，《女主角飾品》會鎖定貨源穩定的供應商，配合故事主軸與過往銷售數據，採購調性吻合的商品做包裝，也常會與設計師做聯名商品、或是進行原創商品開發等，精挑細選主題商品。她們主要的選品以「色調」、「生活場景」、「品牌風格」、「原創設計」四大方向作為基準參考，例如：

- **色調**：銀色主題。
- **生活場景**：適合日常上班上課、親友出遊、約會婚宴等配戴。

- **品牌風格**：輕中式飾品風格，能與旗袍做搭配的民國風、漢服等。
- **原創設計**：品牌的子不語系列原創飾品（與飾品品牌土母生聯名）。

第四，用內容創造商品故事性。有了主題方向及商品，《女主角飾品》便會用內容豐富整個故事。Zeoy 如此分享：「我們販售的每個飾品都擁有獨特的故事與文案，只為了給予顧客力量，帶給她們信念。」因此，文案方面她們依循主題去撰寫故事，但為了不侷限在品牌文案寫手的個人風格，她們會在社群中募集熟客來撰寫文案，讓文字變化更靈活，與顧客共同完成每個主題故事企劃。

視覺方面，則會根據不同策展主題尋找合適的拍攝場地，營造情境攝影來呈現故事，與文案相互搭配發揮行銷力道；在包裝視覺上，除了視主題去設計包裝外，也因應消費者喜愛送禮的需求，提供客製化手寫卡片等服務，整體提供顧客沈浸式的購物體驗。

社群多方深度經營，不同管道對應不同營運策略

「經營社群的一個大觀念是，只需要專心地把一個概念說好，可以用不同方式（管道）說，但我們只溝通一個概念：妳就是女主角。」

圖7.9 《女主角飾品》透過故事IP的塑造，已推出超過十個風格主題企劃

女主角
品牌介紹 | ABOUT
所有故事 | ALL STORY
所有商品|PRODUCTS
開箱分享|UNBOXING
畫報 | LOOKBOOK
女主角專欄|HER STORY
新春錦囊福袋
中式&排行榜分類9折
SALE 10%off
情人節項鍊禮盒
門市資訊
女主角故事
Story.14 | 玲瓏閣
搜羅奇珍，廣納異寶，
無謂世人論定，心中自有評斷，
入我七竅玲瓏閣者，
盡是無價之藏。
細察其形，明鑑其質，
無巧不可收，無奇不可取。
微物裡更有妙趣，
尺寸中自有乾坤。
今日玲瓏閣，皆我珍寶。
Story.13 | 靈犀百草堂
靈犀知心自如意，
百草解憤皆無憂。
掬一縷清香，養一縷心神，
祛惡瘴病，康樂安泰。
神秘奇妙中藥行，高深莫測女大夫，
無疾不能治，百病皆可醫。
相由心生，病由心起，
思鬱之人，快請光臨，
靈犀百草堂。
Story.12 | 俠客行・續——天涯比鄰
飛鴿傳書包裝
韶華盛，歌未央，
莫負紅塵好風光；
把盞酒，知交友，
無畏信馬向天涯。
一瓣心香，乍起白虹，
誰怕？獨下寶劍猶存傲骨；
肝膽知交，明月清風，
莫愁！好景良辰更在前路。
若妳不為自己而活，
誰能負責妳的人生？

《女主角飾品》依據平台特性擬定相對應策略，以Facebook粉絲團來說，由於近年觸及率普遍降低，因此將長期經營策略改成「投放廣告」為主，以開發新客為經營目標。她們目前更傾向「Facebook社團經營，包含邀請成員手寫自介、舉辦每月主題徵文、最佳互動排行活動，透過獎品等誘因活絡社團互動氛圍，使社團成員超過三千位、九〇%的活躍成員，每週更有近五十位的新成員加入。

在Instagram的經營則透過「排版式」貼文營造強烈視覺，並搭配限時動態發布團隊生活性的幕後故事，激起消費者好奇；同時手動追蹤合適的受眾，與競品的消費者作分眾區格，找出品牌在社群上的精準受眾。在LINE帳號經營上，她們以「故事男主角在

圖7.10 《女主角飾品》在不同社群平台施以不同經營策略，透過各管道與顧客互動，強化品牌與顧客之間的親密度

哪？」作為核心，讓顧客在LINE中扮演一個「仰慕者」角色，透過八十條以上自動回覆傳遞短篇小說、語音體驗故事等，創造真實的語音互動。創新經營方式為她們累積超過四千名追蹤者，藉此提升品牌互動。

除此之外，《女主角飾品》擅長內容的經營，會採訪具有獨特故事的朋友與顧客，傳達「每位故事是自己生命的女主角」理念，並且會將每次主題企劃的後記及風格穿搭文章整理成部落格，提高官網在搜尋引擎曝光的機會。

《女主角飾品》透過多角化的社群經營，使她們在各平台上總共累積了超過四萬名粉絲，持續活化及深化品牌生態圈。

案例
6

EXCELSIOR餅乾鞋

● 代理品牌三面向切入在地市場，虛實通路佈局成功打響知名度

EXCELSIOR
INDUSTRIAL
CLASSIC

關於品牌

《EXCELSIOR》是起源於法國、由韓國設計師所設計的硫化鞋工業品牌。以輪胎技術製成加厚鞋底，加上仿輪胎的壓紋設計，揉合出了展現工業經典的帆布鞋。Roy張富凱作為《EXCELSIOR》在台的品牌總代理，透過強調品牌的「文化與價值」，及分眾傳播的市場策略，成功在三年內讓這個帆布鞋品牌，成為時下最熱的潮流時尚新指標。

Roy帶著《EXCELSIOR》，在三年內從三人的核心團隊成長至超過五十人，在全台的一線百貨如SOGO、新光三越等設有八個櫃點，並跟婁峻碩、掰掰啾啾、李佑群等網紅、明星與造型師合作，銷售成績亮眼。此外，

《EXCELSIOR》鞋款、新品也經常被VOGUE、Jusky、PopDaily等時尚穿搭媒體分享，成功成為潮流話題、時尚新寵兒。

他們的成功秘訣

- KOL多方合作，傳遞品牌理念與價值，打破注重「性價比」的高牆。
- 發揮全通路所長，快速擴散品牌影響力。

品牌成功心法

品牌、市場、銷售三線並進，與KOL合作切入市場

「每個消費者都會有不同的想法，但我還是期許《EXCELSIOR》能像勃肯鞋一樣改變台灣的消費思維型態，讓消費者因認同品牌價值而產生購買慾望。」

想打破台灣人喜歡「高CP值」的消費習慣，以及美國、日本潮流品牌的高心佔率，Roy首先做的，便是定義了和市場溝通的準則：清楚強烈的傳達品牌的價值與文化，讓消費者藉由認同品牌，來傳達自身和品牌相同、對流行文化與穿搭的態度與想法。

至於如何讓消費者認同品牌，Roy首先幫《EXCELSIOR》取了「餅乾鞋」這個名字，讓大眾對這個全新品牌有更記憶點。接著以穿搭出發，透過三個面向操作品牌公關，讓餅乾鞋快速走入大眾眼前：

一、**品牌端**：Roy透過藝術展覽與設計師的聯名鞋款製造話題，並吸引對穿搭有獨到眼光的群眾，再藉由和陳孫華、李佑群老師等造型師的合作、推薦或著用，不僅能將《EXCELSIOR》觸及到更多的知名藝人，也能帶給消費者信任感並驅使購買。

二、**市場端**：《EXCELSIOR》的受眾多為年輕族群，由於年輕人喜愛和親友分享，或在社群轉發喜愛藝人的日常動態、穿搭，透過明星代言或穿搭的方式，能快速讓年輕族群認識《EXCELSIOR》。品牌在台已和超過五十位當紅明星合作，如婁峻碩、楊丞琳、LULU、林柏宏等。

三、**銷售端**：對穿搭有意識的群眾，多半都會透過社群追蹤穿搭網紅，從中尋找日常穿搭靈感，透過和大饅大力這類穿搭網紅合作，能快速觸及重視穿搭的族群。如二〇一八年與抖音紅人的線下見面會，便成功引起話題、創造好買氣。

圖7.11 《EXCELSIOR》常與明星合作藉此觸及年輕族群，在官網中放上藝人婁峻碩的穿搭視覺

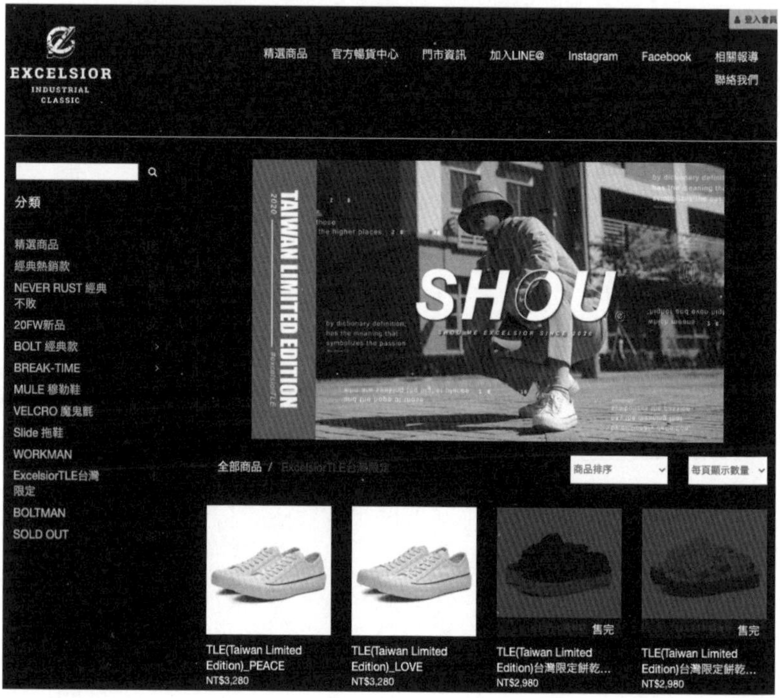

線上傳達品牌，線下主攻銷售，全通路佈局吸引新會員加入

「因為我們品牌主要是賣鞋子的，因此線下試穿是有其必要在，盡量讓線下與線上的消費體驗維持一致。」

從品牌著陸的一開始，Roy便為《EXCELSIOR》佈局了清晰的線上及線下策略：藉由官網樹立品牌形象與傳達理念，再透過實體櫃點滿足試穿需求，讓兩種管道的顧客互相導流，快速擴散品牌知名度。

為了發揮虛實管道各自所長，Roy針對不同通路施以不同的佈局規劃。在實體通路的選擇上，他鎖定一線城市

圖7.12 《EXCELSIOR》以一線城市的百貨作為拓店據點，接觸更多潛在顧客（此圖取自其官網，台北忠孝SOGO百貨門市）

的破億百貨做為據點，以百貨人流確保品牌曝光度與銷售力度；在二線城市則利用地緣關係，和經銷體系合作，例如進駐潮流選品店，來接觸這些城市中的消費族群。

在線上通路的佈局，他將官網作為傳遞品牌理念的核心，以形象經營為主，因此Roy與知名設計師、藝人網紅合作來強化形象營造及渲染品牌精神。此外，他們拓展購物平台等電商通路市場，透過蝦皮作為官方的暢貨中心、釋出零碼鞋款，讓觀望中的民眾能以更優惠價錢入手，也能減少零碼鞋的庫存壓力。

《EXCELSIOR》透過全通路的策略，以「線上傳達品牌，線下主攻銷售」為基石，提供顧客良好的銷售體驗，也讓他們能夠作為精品走入流行文化，融入一般人的生活穿搭中，落實其品牌目標「成為經典，超越經典」。

國家圖書館出版品預行編目（CIP）資料

電商經營Level up：從商城賣場畢業吧!打造千萬銷售的24堂品牌致勝課/
SHOPLINE電商教室著. -- 初版. -- 臺北市：商周出版：英屬蓋曼群島商家
庭傳媒股份有限公司城邦分公司發行, 2021.03
面；　公分
ISBN 978-986-5482-59-6(平裝)

1.電子商務 2.網路行銷

490.29　　110004081

BW0761

電商經營LEVEL UP
從商城賣場畢業吧！打造千萬銷售的24堂品牌致勝課

作　　　者／SHOPLINE 電商教室
文 字 整 理／吳家愷、紀幸汝、林倩如、魏易安、熊育姍、林惟一、鍾采倫
圖 片 整 理／吳家愷、曾永祥
責 任 編 輯／李皓歆
企 劃 選 書／陳美靜
版　　　權／黃淑敏、翁靜如
行 銷 業 務／周佑潔、林秀津

總　編　輯／陳美靜
總　經　理／彭之琬
事業群總經理／黃淑貞
發　行　人／何飛鵬
法 律 顧 問／台英國際商務法律事務所　羅明通律師
出　　　版／商周出版
臺北市 104 民生東路二段 141 號 9 樓
電話：(02) 2500-7008　傳真：(02) 2500-7759
E-mail: bwp.service@cite.com.tw
發　　　行／英屬蓋曼群島商家庭傳媒股份有限公司　城邦分公司
臺北市 104 民生東路二段 141 號 2 樓
讀者服務專線：0800-020-299　24 小時傳真服務：(02) 2517-0999
讀者服務信箱 E-mail: cs@cite.com.tw
劃撥帳號：19833503　戶名：英屬蓋曼群島商家庭傳媒股份有限公司城邦分公司
訂 購 服 務／書虫股份有限公司客服專線：(02) 2500-7718；2500-7719
服務時間：週一至週五上午 09:30-12:00；下午 13:30-17:00
24 小時傳真專線：(02) 2500-1990；2500-1991
劃撥帳號：19863813　戶名：書虫股份有限公司
香 港 發 行 所／城邦（香港）出版集團有限公司
香港灣仔駱克道 193 號東超商業中心 1 樓
E-mail: hkcite@biznetvigator.com
電話：(852) 25086231　傳真：(852) 25789337
E-mail：hkcite@biznetvigator.com
馬 新 發 行 所／Cite (M) Sdn. Bhd.
41, Jalan Radin Anum, Bandar Baru Sri Petaling, 57000 Kuala Lumpur, Malaysia.
電話：(603) 9057-8822　傳真：(603) 9057-6622　E-mail: cite@cite.com.my

美 術 編 輯／簡至成
封 面 設 計／FE Design 葉馥儀
製 版 印 刷／韋懋實業有限公司
經　銷　商／聯合發行股份有限公司　電話：(02) 2917-8022　傳真：(02) 2911-0053
地址：新北市 231 新店區寶橋路 235 巷 6 弄 6 號 2 樓

■ 2021 年 03 月 30 日初版 1 刷
■ 2023 年 10 月 05 日初版 5.8 刷

ISBN　978-986-5482-59-6
定價 360 元

城邦讀書花園
www.cite.com.tw

廣　告　回　函
北區郵政管理登記證
台北廣字第 000791 號
郵資已付，免貼郵票

104 台北市民生東路二段 141 號 9 樓
英屬蓋曼群島商家庭傳媒股份有限公司
城邦分公司

請沿虛線對摺，謝謝！

書號：BW0761　書名：電商經營 LEVEL UP　　編碼：

請於此處用膠水黏貼

商周出版

讀者回函卡

謝謝您購買我們出版的書籍！請費心填寫此回函卡，我們將不定期寄上城邦集團最新的出版訊息。

姓名：________________________　　性別：□男　□女

生日：西元 __________ 年 __________ 月 __________ 日

地址：____

聯絡電話：________________ 傳真：________________

E-mail：____

學歷：□ 1. 小學　□ 2. 國中　□ 3. 高中　□ 4. 大專　□ 5. 研究所以上

職業：□ 1. 學生　□ 2. 軍公教　□ 3. 服務　□ 4. 金融　□ 5. 製造　□ 6. 資訊

□ 7. 傳播　□ 8. 自由業　□ 9. 農漁牧　□ 10. 家管　□ 11. 退休

□ 12. 其他 ______________________________

您從何種方式得知本書消息？

□ 1. 書店　□ 2. 網路　□ 3. 報紙　□ 4. 雜誌　□ 5. 廣播　□ 6. 電視

□ 7. 親友推薦　□ 8. 其他 ______________________

您通常以何種方式購書？

□ 1. 書店　□ 2. 網路　□ 3. 傳真訂購　□ 4. 郵局劃撥　□ 5. 其他 ____

對我們的建議：________________________________

____

____

____

____

____

【為提供訂購、行銷、客戶管理或其他合於營業登記項目或章程所定業務之目的，城邦出版人集團（即英屬蓋曼群島商家庭傳媒（股）公司城邦分公司、城邦文化事業（股）公司），於本集團之營運期間及地區內，將以電郵、傳真、電話、簡訊、郵寄或其他公告方式利用您提供之資料（資料類別：C001、C002、C003、C011等）。利用對象除本集團外，亦可能包括相關服務的協力機構。如您有依個資法第三條或其他需服務之處，得致電本公司客服中心電話02-25007718請求協助。相關資料如為非必要項目，不提供亦不影響您的權益。】

1. C001 辨識個人者：如消費者之姓名、地址、電話、電子郵件等資訊。
2. C002 辨識財務者：如信 用卡或轉帳帳戶資訊。
3. C003 政府資料中之辨識者：如身份證字號或護照號碼（外國人）。
4. C011 個人描述：如性別、國籍、出生年月日。

請於此處用膠水黏貼